Abt Johannes Eckert

Die Kunst, sich richtig wichtig zu nehmen

Abt Johannes Eckert

Die Kunst, sich RICHTIG WICHTIG zu nehmen

Führungskompetenz aus dem Kloster

Kösel

MIX
Papier aus verantwortungsvollen Quellen
FSC® C014496

Verlagsgruppe Random House FSC-DEU-0100
Das für dieses Buch verwendete FSC®-zertifizierte Papier
Plano Plus liefert Papyrus, Ettlingen.

Umschlag und Umschlagmotiv: Monika Neuser, München
Druck und Bindung: Kösel, Krugzell
Printed in Germany
ISBN 978-3-466-37050-4

Weitere Informationen zu diesem Buch und unserem gesamten lieferbaren
Programm finden Sie unter
www.koesel.de

Durch das Jahr

Wie trage ich Verantwortung für mich selbst? 73

Wie trage ich Verantwortung für andere? 113

Wer trägt Verantwortung mit mir? 131

Wem muss ich mich verantworten? 169

Achte auf dich selbst

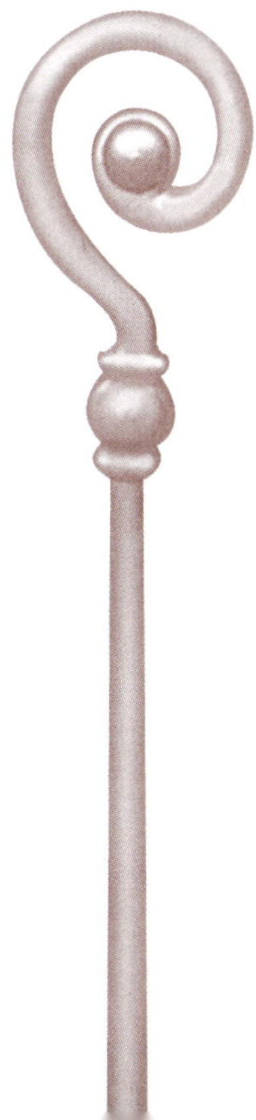

Sich richtig wichtig zu nehmen, scheint manchen Führungskräften nicht schwerzufallen. Sie wissen um ihre Macht und lassen sie andere spüren. Selbstbewusst treten sie auf, treffen resolut Entscheidungen, lassen sich hofieren und zeigen auch bei anderen Gelegenheiten, wer der Chef ist. Um all das soll es in diesem Buch nur indirekt gehen, gleichsam als Negativfolie für einen verantwortungsvollen Führungsstil.

Sich richtig wichtig zu nehmen – der Titel ist doppeldeutig. Denn manchen, die unumstritten wichtig sind, fällt es im Blick auf ihre hohe Verantwortung schwer, sich nicht ständig hintanzustellen, sondern sich eben richtig wichtig zu nehmen. Ohne große Zwischenräume folgt ein Termin auf den anderen. Die Zeit ist stets knapp bemessen, sodass kaum noch Raum für Durchatmen, Nachdenken, ja sogar zum Essen bleibt. Der Arbeitstag beginnt recht früh und endet erst spät in der Nacht. Auch ins Wochenende oder in den Urlaub wird Arbeit mitgenommen, es wird ständige Erreichbarkeit erwartet, das Handy bleibt angeschaltet und E-Mails werden regelmäßig gecheckt. Der permanente, hohe Verantwortungsdruck, der auf Führungspersönlichkeiten lastet, führt häufig dazu, dass Familie, private Interessen und vieles andere zu kurz kommen. Aber als bewährte und verlässliche Führungskraft gehört es schlichtweg dazu, manchen Druck auszuhalten und gerade Stresssituationen souverän zu meistern, auch wenn der Körper andere Signale aussendet. Häufig werden jedoch diese Signale nicht wirklich ernst genommen, denn unter dem permanenten Anforderungsdruck der Alltagsgeschäfte bleibt nur wenig Zeit, auch noch an sich selbst zu denken. Die Liste der Beispiele ließe sich beliebig fortsetzen!

Im Blick auf die Fülle von Anforderungen und Erwartungen ist es eine hohe Kunst, sich als Führungskraft bewusst zu machen, dass man bei aller Verantwortung für andere und anderes auch

Selbstverantwortung hat. Man muss sich daher im guten Sinn *richtig* wichtig nehmen!

> »Achte also darauf, dass du dir – ich will nicht sagen, immer, nicht einmal häufig, doch dann und wann – Zeit für dich selbst nimmst! Zieh auch du selbst Nutzen aus dir, zusammen mit den vielen anderen oder zumindest nach ihnen!« (641)

Diese eindringlichen Worte sind nicht einem modernen Lebensratgeber entnommen, der stressgeplagten Managern von Zeit zu Zeit eine Auszeit empfiehlt. Sie stammen von einem Mönch des 12. Jahrhunderts: Bernhard, Abt von Clairvaux (1090–1153), der aus eigener Erfahrung wusste, wie schwer es ist, sich richtig wichtig zu nehmen.

In großer Sorge schreibt er diese Zeilen seinem Mitbruder Bernhard Paganelli (+ 1153), der 1145 überraschend zum Papst gewählt wird und sich Eugen III. nennt.

Aufgrund des umfangreichen Anforderungsprofils steht Eugen III. in Gefahr, ganz und gar aufgerieben zu werden. Wie jede Führungskraft in Top-Position leidet auch der neue Papst unter dem immensen Verantwortungsdruck. Allzu vieles lastet auf ihm allein. Wenn er nicht besser auf sich selbst achtet, droht ihm über kurz oder lang ein ›Burn-out‹. Das ist die Sorge seines Mentors Bernhard.

Diese bedrückende Erfahrung dürfte vielen bekannt sein. Doch was lässt sich dagegen tun, wenn man sich im Hamsterrad vielfältiger und umfangreicher Verantwortung befindet? Ist nicht gerade dann unabdingbar gefordert, sich selbst hintanzustellen? Als äußerst aktiver und agiler Mönch kennt Bernhard die Versuchung allzu gut, sich für eine Aufgabe ganz aufzugeben. Daher sorgt er sich als früherer Abt und Ziehvater um seinen Mitbruder. Aus diesem Grund entschließt sich Bernhard, dem neu gekürten Papst fünf Bücher zu schreiben, die er mit *De consideratione – Über die Beschauung* betitelt. In ihnen legt er umfangreich dar, für welche Bereiche Eugen als Papst Verantwortung trägt, auf was besonders zu achten ist, um nichts, das seiner Verantwortung anvertraut ist, aus dem Blick zu verlieren. Als erfahrener Mentor gibt er seinem ehemaligen Zögling wertvolle Tipps, wie dieser seine Führungsaufgabe sowohl souverän als auch effektiv ausführen kann, ohne dabei selbst auszubrennen oder aufgerieben zu werden. Letztlich ist es eine umfassende Anleitung, sich als Führungskraft weder durch Selbstüberschätzung noch durch Selbstunterschätzung falsch zu positionieren, sondern sich *richtig* wichtig zu nehmen.

Dabei spricht Bernhard aus seinem eigenen, reichen Erfahrungsschatz, war er doch selbst ein äußerst engagierter Mönch, der sich wie kein zweiter in fast alle politischen und kirchlichen Entscheidungsprozesse seiner Zeit einmischte. Ob es um Streitigkeiten zwischen Adligen ging, um anstehende Bischofsernennungen, um Vermittlung zwischen den Gegenpäpsten oder um die radikalen Ketzerbewegungen und vieles andere mehr – stets meldete sich Bernhard zu Wort, durchreiste ganz Europa, spann Fäden und nahm Einfluss auf die Geschicke seiner Zeit. Wir würden heute von einem viel gefragten, ruhelosen Manager sprechen, der von sich ganz und gar überzeugt ist und doch bisweilen an seine Grenzen stößt beziehungsweise geführt wird.

Bei all seinen umfangreichen und zeitraubenden Aktivitäten ist er immer Mönch und Abt seines Heimatklosters Clairvaux geblieben, in das er sich von Zeit zu Zeit zurückzog. Nicht von ungefähr bezeichnet sich Bernhard daher in einem Brief, den er an einen befreundeten Mönch schreibt, als ›Chimäre seiner Generation‹, die ein Mischwesen aus Löwe, Ziege und Schlange darstellt:

> »Ich verhalte mich weder wie ein Kleriker noch wie ein Laie. Das Leben eines Mönches habe ich schon lange abgelegt, nicht den mönchischen Habit. Ich will euch nichts weiter über mich schreiben, was ich treibe, worum ich mich bemühe, welche Schwierigkeiten ich in der Welt habe, ja, in welche Abgründe ich geworfen bin.« (Ep 250,4 = VIII,147,2)

Nicht anders ergeht es Führungskräften heute, die unterschiedlichen Rollenanforderungen gerecht werden müssen. Auch sie sind oft genug Mischwesen, wenn von ihnen einerseits kühne Entschlossenheit, andererseits umfängliche Sorge erwartet werden und sie oft genug vor scheinbar unlösbaren Schwierigkeiten stehen. Freilich sprechen wir in diesem Zusammenhang heute lieber von Herausforderungen und Chancen!

Die umfangreichen Ausführungen Bernhards haben nichts an Aktualität verloren, sodass sie bei Managerseminaren im Kloster Andechs als Impulsgeber verwendet werden. Die Teilnehmer erleben dabei, wie zeitgemäß die Themenbereiche sind, die Bernhard anspricht. Sie sind überrascht, wie ein Mönch des 12. Jahrhunderts für sie zum Mentor werden kann. Bernhard weiß aus eigener Erfahrung, wovon er spricht. Hier geht es um echte Führungskompetenz, die der Abt von Clairvaux noch nach 900 Jahren vermittelt. Sowohl seine realistische Sicht der Dinge als auch sein Einfühlungsvermögen in die Situation eines Topmanagers wecken bei den Teilnehmern innere Betroffenheit, sodass sie sich in Papst Eugen wiederfinden können. Bernhard spricht sie an – im wahrsten Sinn des Wortes –, deshalb haben die Seminarteilnehmer immer wieder die Bitte geäußert, die Texte zu veröffentlichen und sie zeitgemäß zu interpretieren.

Der Abt von Clairvaux wird so mit seinem reichhaltigen Erfahrungsschatz in diesem Buch zum Mentor und Jahresbegleiter, der Woche für Woche einen Impuls zur Standortbestimmung gibt und dadurch Führungskompetenz aus dem Kloster vermittelt, sodass mit seiner Hilfe die *Kunst, sich richtig wichtig zu nehmen,* gelingen kann.

Damals wie heute: Umbrüche, Krisen, Reformen ...

Bernhard lebte in einer Übergangszeit, die mit Umbrüchen, Veränderungen, Krisen und Reformbestrebungen in vielem unserer Zeit gleicht. So war auch die Schwelle vom Frühmittelalter zum Hochmittelalter durch einen tief greifenden politischen, gesellschaftlichen und damit auch kirchlichen Umbruch geprägt. Einflussreiche Fürsten, Kirchenführer und Stadtoberhäupter befehdeten sich unaufhörlich. Die Christenheit war durch ein Schisma getrennt, da sich der römische Adel und das Kardinalskollegium nicht auf einen gemeinsamen Papstkandidaten einigen konnten. Schon seit dem 8. Jahrhundert gab es Gegenpäpste und ihre Parteigänger, die eher am Machterhalt als am geistlichen Wachstum der Menschen Interesse zeigten.

In den städtischen Kathedralschulen entwickelte sich eine neue Art theologischer Denkweise, die Scholastik. Mithilfe der Vernunft wollte sie den Glauben reflektieren und verständlich machen. Auch dies führte zu heftigen theologischen Auseinandersetzungen.

Radikale Reformbewegungen forderten die Rückkehr der reichen und machtbewussten Kirche zum apostolischen Ideal der Armut. Rasch wurden diese Eiferer von amtlicher Seite als Ketzer bezichtigt und durch erbarmungslose Verfolgung bekämpft. Auch im Mönchtum entstanden schon im 11. Jahrhundert Reformbewegungen – so zum Beispiel in Cluny –, die eine Rückkehr zum Ideal der Benediktsregel forderten. Doch mit der Zeit waren auch diese Reformer bequem geworden, sodass als Korrektiv neue Orden entstanden, wie die der Kartäuser und der Prämonstratenser.

Es waren zunächst Mönche im burgundischen Molesme, die zur asketischen Strenge der Regel Benedikts aus dem 6. Jahrhundert zurückkehren wollten. Im nahen Citeaux gründeten sie ein Reformkloster. Es sollte zur Mutterabtei der bedeutendsten Reformbewegung des 12. Jahrhunderts werden, die bald ganz Europa erfasste und zur Ausbildung des Zisterzienserordens führte. Erfolgsrezept dieses benediktinischen Zweigordens war die strikte Rückkehr zur bedingungslosen Einhaltung der Regel Benedikts. Die Mönche sollten wieder selbst arbeiten in Haus, Garten und Feld, um durch ihre Erzeugnisse ihren Lebensunterhalt zu bestreiten. Schenkungen und Zehnten dagegen, wie in anderen Klöstern üblich, durften nicht mehr angenommen werden. Ein einfacher wollener, grauer Mönchshabit kleidete sie, sodass sie sich von den Mönchen im benachbarten Cluny, die vornehm schwarz gekleidet waren, schon rein optisch unterschieden. Aber auch der Genuss von Fleisch wurde, wie es die Benediktsregel vorsieht, streng verboten, sodass sich in den Zisterzienserklöstern die Fischzucht hoch spezialisiert entwickeln konnte. Strikte Einhaltung der Klausur sowie eine schlichte Liturgie prägten das gemeinschaftliche Leben.

Bewusst wurden neue Klöster nur in unwirtlichen Gegenden gegründet, gern in Tälern. Für die Mönche hieß es zunächst einmal, Wälder zu roden, Sümpfe trockenzulegen und das Land durch kräftezehrende Arbeit zu kultivieren. Künstlerische Ausschmückungen von Kirchen galten als Abgötterei und waren verpönt. Das Erfolgsrezept könnten wir mit dem Slogan ›Back to the roots! – Zurück zu den Wurzeln!‹ beschreiben. Bestimmende

Größe und charismatischer Katalysator dieser Erneuerungsbewegung war Bernhard von Clairvaux.

Zerreißprobe zwischen aktivem und zurückgezogenem Leben ...

Bernhard trat ca. 1112 als junger Adliger im Alter von 22 Jahren mit 30 Gefährten in das burgundische Reformkloster Citeaux ein. Unter seinen Gesinnungsgenossen befand sich mit Ausnahme seines jüngsten Bruders fast die ganze Verwandtschaft. Der Bruder kam erst später mit dem Vater nach.
Der beeindruckende Klostereintritt Bernhards ist in der Ordensgeschichte bis heute einmalig und zeigt, welch charismatische Führungspersönlichkeit er gewesen sein muss, der andere für seine Ideen zutiefst begeistern sowie lebensbestimmend motivieren konnte.
Im Blick auf den ›Masseneintritt‹ würden wir heute von einer ›feindlichen Übernahme‹ sprechen. So kam es auch bald, drei Jahre später, im Jahr 1115, schon zur Neugründung des Klosters Clairvaux, dessen Gründerabt Bernhard im Alter von 25 Jahren wurde. Zeit seines Lebens ist er Abt von Clairvaux geblieben. Immer wieder hat er Bischofsernennungen, die ihm angetragen wurden, abgelehnt. In der Kunst wurde er daher mit der Mitra, der Bischofsmütze, zu Füßen dargestellt. In den 38 Jahren, in denen Bernhard bis zu seinem Tod das Kloster Clairvaux als Abt leitete, gründete er von dort aus 69 ›Tochterklöster‹, 75 ›Enkelklöster‹ und 22 ›Urenkelklöster‹, also insgesamt 166 neue Niederlassungen, wie wir die Gründungen heute bezeichnen würden. Dazu gehörten auch bestehende Klöster, die sich durch die Vermittlung Bernhards der Reformbewegung von Citeaux anschlossen.

Binnen weniger Jahre erstreckte sich das zisterziensische Netzwerk über den ganzen Kontinent von Portugal bis Polen, von Nordengland bis Sizilien. Die Reformbewegung von Citeaux war zum global agierenden Konzern geworden, der an allen Orten mit einer Niederlassung präsent war. Dabei war es der Ordensleitung wichtig, dass die einzelnen Klöster eng miteinander verbunden blieben. Für die damalige Zeit, die nicht über die heutigen Verkehrs- und Kommunikationsmöglichkeiten verfügte, war dies eine Meisterleistung.

Im Schnitt gründete Bernhard alle drei Monate ein Kloster oder gliederte ein bestehendes dem Verband von Citeaux an, sodass wir von einem überaus erfolgreichen ›Unternehmer‹ und einer beeindruckenden charismatischen ›Führungspersönlichkeit‹ sprechen könnten. Mit seinen 166 Filialkonventen bildete Clairvaux knapp die Hälfte der damals 344 bestehenden Zisterzienserklöster mit etwa 11.600 Mitgliedern. Nicht zu Unrecht wird das 12. Jahrhundert ›Bernhardinisches Jahrhundert‹ genannt.

Doch Bernhard konzentrierte sich keineswegs nur auf seinen Orden, sondern setzte sich bedingungslos für eine umfassende Reform von Kirche und Gesellschaft ein – selbstredend nach seinen Überzeugungen und Vorstellungen. Ruhelos bereiste er den Kontinent, stritt mit Königen und Fürsten, Päpsten, Bischöfen und Äbten, besuchte Klöster, suchte die Konfrontation mit bedeutenden Theologen und Professoren, knüpfte Verbindungen und Netzwerke und bestach durch seine großartige Redekunst. Fast 500 Briefe von ihm sind erhalten, dazu noch ein umfangreiches theologisches Werk mit zahlreichen Traktaten und Predigten. Für den ebenfalls neu entstandenen Templerorden schrieb er die Ordensregel. Von einem großen Selbstbewusstsein geprägt, wusste er Macht bewusst einzusetzen. Zweifellos war er die bestimmende Autorität seiner Zeit.

Dabei lebte er als Mönch und Staatsmann in der Spannung von

beschaulichem und aktivem Leben, die für ihn bisweilen zur Zerreißprobe werden konnte. Seine persönliche Frömmigkeit zeichnete sich durch eine innige Christusbeziehung aus, die ihm – trotz aller Belastung und Ruhelosigkeit – Kraft gab. Auch darin zeigt sich sein überaus temperamentvoller Charakter.
Aufgrund seiner glühenden Rhetorik wurde er Jahrhunderte später bei seiner Erhebung zum Kirchenlehrer mit dem Titel ›doctor melifluus‹ – ›honigtriefender Lehrer‹ geehrt. Auch aufgrund seines immensen Fleißes, der dem der Bienen gleichkam, erhielt er diesen Ehrentitel.
Freilich ist Bernhard kein unumstrittener Heiliger. So predigte er erfolgreich den II. Kreuzzug, wobei er sich deutlich gegen die damit verbundenen Judenverfolgungen in den Städten des Reiches aussprach. Er konnte die Massen für dieses abenteuerliche Unternehmen begeistern, das dann später kläglich scheitern sollte. Unerbittlich verfolgte er die Albingenser, eine Reformbewegung in Südfrankreich, die von kirchlicher Seite als Ketzer verurteilt wurden, und polemisierte, wo er nur konnte, wortgewaltig gegen sie. Er suchte die Konfrontation und wählte bisweilen zweifelhafte Mittel wie Intrigen und Verleumdungen, um Gegner wie den großen Gelehrten an der Pariser Universität Petrus Abelard (1079–1142), dem Bernhard theologisch nicht gewachsen war, ins Hintertreffen zu bringen.

Was ein Papst erwägen sollte …

1145 kam es zur überraschenden Wahl Eugens III. Zunächst war Bernhard darüber nicht sehr erfreut, da er Eugen für dieses hohe Amt für nicht ausreichend qualifiziert und von zu geringem Format hielt. Zugleich aber entdeckte Bernhard mit seinem ausge-

prägten machtpolitischen Instinkt, welche Chancen ihm nun für seine Reformideen eröffnet werden könnten. Durch den Papst konnte er noch besser und mit höchster Autorität die Geschicke seiner Zeit mitbestimmen.
Daher ist sein Werk *De consideratione – Über die Erwägung* wie folgt zu beurteilen: Zum einen wurde es aus echter Sorge geschrieben und sollte Eugen helfen, seiner hohen Verantwortung gerecht zu werden. Zum anderen bot es Bernhard die Möglichkeit, direkt auf den Papst Einfluss zu nehmen.
Schon der Titel verrät, dass Bernhard strukturiert Orientierung geben will. ›Considerare‹ heißt ›betrachten, beschauen, überlegen, erwägen, bedenken, beherzigen‹. Etymologisch kommt es wohl aus der Seemanns- oder Auguralsprache. ›Con-sidus‹ – ›mit den Sternen‹, die dem Seemann bei nächtlicher Fahrt Orientierung geben, verirrt man sich nicht, sondern gelangt sicher ans Ziel. Nichts anderes ist Bernhards Anliegen mit seinen Empfehlungen, die er Eugen ans Herz legt.

Vier Verantwortungsbereiche

Dabei hat Bernhard sein Werk gut strukturiert. Nach einer Art Bestandsaufnahme, also die *Achtsamkeit für sich selbst*, sind es für ihn vier Bereiche, die der Papst als oberster Hirte in den Blick nehmen und immer wieder erwägen soll.
Zunächst sich selbst: Wer ist er? Was ist er? Wie ist es dazu gekommen? Die ausführliche, kritische Selbstbesinnung als Ausdruck der *Eigenverantwortung* steht also am Beginn der Erwägungen Bernhards, die er dem Papst mit eindringlichen Worten ans Herz legt. Eugen steht an erster Stelle: Er soll sich selbst *richtig* wichtig nehmen!

Dann sollte der Papst reflektieren, wer unter ihm steht, *für wen er Verantwortung* trägt. Auch hier nimmt Bernhard alle Bereiche kritisch unter die Lupe.
Als dritte Perspektive empfiehlt der Abt von Clairvaux den wachsamen Blick auf das Umfeld, also wer neben dem Papst steht und *mit ihm Verantwortung* trägt. Äußerst realistisch warnt Bernhard vor unguter Einflussnahme und vor Günstlingswirtschaft.
Schließlich darf der Papst nicht vergessen, dass er auch sich selbst zu verantworten hat. Als vierten Schritt gilt es daher, darauf zu achten, wer über ihm steht, *wem er sich zu verantworten* hat. In all seiner Geschäftigkeit sollte Eugen nie den Blick auf den Schöpfer und Vollender vergessen.
Diese vier Verantwortungsbereiche behandelt Bernhard in seinem Werk *De consideratione.* Manche Ausführungen mögen heute überholt sein. Andere dagegen haben nichts von ihrer Aktualität verloren, sodass sie nach wie vor Führungskräften wertvolle Impulse zur Selbstreflexion geben können. So ist Bernhard schon vielen Verantwortungsträgern zum wertvollen Ratgeber und Mentor geworden.

Dank und Ausblick

In Dankbarkeit sei dieses Buch den Verantwortungsträgern des Bauunternehmens Josef Hebel gewidmet, die nunmehr seit 16 Jahren sich dem ›Wertemanagement in der Bauwirtschaft‹ verpflichtet haben und seitdem jährlich mit ihren Lebenspartnern zu einem Reflexionstag ins Kloster Andechs kommen. Gemeinsam durften wir in all diesen Jahren aus dem reichen Schatz christlicher Ethik und benediktinischer Spiritualität schöpfen, sodass letztlich auch dieses Buch entstehen konnte.

Von Herzen sei an dieser Stelle auch Frau Michaela Breit vom Kösel-Verlag gedankt, die mit Rat und Tat liebenswürdig und kompetent dazu motivierte, die Führungskompetenz Bernhards in einem Kalenderbuch gleichsam häppchenweise zu erschließen.

900 Jahre nach Bernhards spektakulärem Klostereintritt erscheint nun dieses Buch. In der intensiven Beschäftigung mit seinem Werk *De consideratione* ist mir der Abt von Clairvaux als Mensch und Mitbruder gerade auch in seinen Widersprüchlichkeiten und seinem Ringen nähergekommen. In seinen Ausführungen wird einerseits spürbar, wie sehr sich Bernhard nach dem Ideal sehnt und dieses immer wieder einfordert. Andererseits verliert er dabei nie die Realität aus dem Blick und bietet keine einfachen Patentrezepte als Lösungsvorschläge an. Bernhard bleibt auch im Blick auf seine Möglichkeiten Realist, der aus eigener Erfahrung weiß, wie schwer es ist, umfassender Verantwortung gerecht zu werden, eben auch für sich selbst. Das bedeutet tagtäglich neu anzufangen, Hand anzulegen und an sich zu arbeiten, damit die Kunst ansatzweise gelingt, sich nicht auf Kosten anderer oder seiner selbst, sondern sich zum Segen *richtig* wichtig zu nehmen, *ut in omnibus glorificetur Deus* (RB 57,9)!

Ein Jahresbegleiter

Auf die 52 Kalenderwochen des Jahres wurden ausgewählte Texte Bernhards (*Sämtliche Werke*, herausgegeben von Gerhard B. Winkler; siehe Quellenverzeichnis, S. 182) aufgeteilt. Sie entsprechen der Abfolge des ursprünglichen Werkes. Im ersten Teil (bis S. 71) thematisiert Bernhard im Ursprungstext die vielfältigen Belastungen des Papstes. In den folgenden vier Teilen (S. 73–181) werden die vier Verantwortungsbereiche beleuchtet.
Nach jedem Abschnitt gibt es aktualisierende Gedanken zur Vertiefung, die gleichsam den Brückenschlag ins Heute erleichtern sollen.
Da Samstag und Sonntag vermutlich mehr Zeit zur Verfügung steht, wird vorgeschlagen, die beiden einleitenden Texte an diesen beiden Tagen erstmals zu lesen. Zur Vertiefung und Vergegenwärtigung kann selbstredend die Lektüre jeden Tag wiederholt werden.
Je eine Impulsfrage dient dann zur täglichen Reflexion von Montag bis Samstag. Für den Sonntag gibt es einen Vorschlag, etwas für das eigene Wohl zu tun.
So hilft Bernhard über das Jahr hinweg, vieles in den Blick zu nehmen, das nicht nur ein Papst erwägen sollte, und wird zum erfahrenen Mentor in der Kunst, sich *richtig* wichtig zu nehmen.

1. WOCHE:

Wer ermahnt mich mit liebendem Sinn?

Die Liebe kennt keinen Herrn, sie erkennt den Sohn auch unter der Tiara. Andere werden von Furcht oder Begierde getrieben: Sie schmeicheln dir ins Angesicht, lassen dich aber in der Not im Stich. ›Die Liebe aber hört niemals auf‹ (1 Kor 13,8). Um die Wahrheit zu sagen, bin ich zwar frei von Mutterpflichten, doch keineswegs von Mutterliebe. Ich habe dich einst im Schoß getragen, du kannst nicht so leicht aus meinem Inneren herausgerissen werden. (…)
Ich vertraue darauf, dass sich der Wandel in dir, nicht aber an dir vollzogen hat, und dass deine Erhebung deinen früheren Stand nicht wegnahm, sondern zu ihm hinzukam. Ich werde dir also Ermahnungen geben, aber nicht wie ein Lehrer, sondern wie eine Mutter ganz mit liebendem Sinn. (627ff.)

›Mentoring‹ ist ein wichtiges Personalentwicklungsinstrument, da die persönliche Beziehung, die ein Mentor zu seinem Protegé pflegt, den Wissenstransfer oft erleichtert. Im Unterschied zum ›Coach‹ ist der Mentor üblicherweise nicht eigens für diese Tätigkeit ausgebildet, sondern verfügt lediglich über einen Erfahrungs- und Wissensvorsprung.

So verstanden ist Bernhard aufgrund seiner reichen Erfahrungen und seines breiten Wissens für Eugen ein Mentor. Es ist interessant, dass Bernhard, der als Abt von seinen Mitbrüdern ›Vater‹ genannt wird, sein Verhältnis zum früheren Mönch Eugen nicht aus der väterlichen Perspektive beschreibt, sondern sich in Analogie zu dessen Mutter setzt.

Mütter können anstrengend sein, besonders dann, wenn sie das bleiben, was sie sind: Mutter, auch wenn wir schon längst erwachsen sind.

Eine Mutter kennt ihre Kinder, kämpft für sie, leidet mit ihnen und sagt ihnen, wenn es nötig ist, ungeschminkt die Wahrheit. Von klein auf mit den Defiziten und Schwächen des Kindes vertraut, gehört es zum Muttersein dazu, sich zeitlebens um die Kinder zu sorgen.

Aus der Biografie Bernhards ist bekannt, dass er in der Kindheit eine enge Mutterbeziehung hatte und sie seinen Lebensweg maßgeblich prägte.

All das schwingt mit, wenn Bernhard zu Beginn seines Werkes seinen ehemaligen Schüler, Mönch Eugen, mit liebendem Sinn ermahnen will. Gleich einer guten Mutter bleibt Eugen für ihn das Kind, für das er alles geben würde. Selbst die Tiara, Ausdruck höchster Macht, schreckt ihn nicht ab, Kritik zu üben. Schließlich hat Bernhard Eugen in das klösterliche Leben eingeführt, ihn gleichsam aus dem reichen Schatz seiner Spiritualität genährt. Auch war der Abt von Clairvaux nicht unbeteiligt daran, dass Eugen im Orden Karriere machen konnte und schließlich

Papst wurde. Einerseits hat Bernhard vor dem Amt des Papstes großen Respekt und wie bei einer Mutter schwingt auch etwas Stolz über den Werdegang des einstigen Zöglings mit. Andererseits, die Sorge mütterlicherseits um das Kind bleibt.

Montag:	Wer ist mein Mentor?
Dienstag:	Wer sagt mir die Wahrheit aus Liebe ohne Furcht und ohne Begierde?
Mittwoch:	Wer ermahnt und kritisiert mich mit liebendem Sinn?
Donnerstag:	Wer lässt mich in der Not nicht im Stich, passt auf mich auf, schaut auf mich?
Freitag:	Wem bin ich Mentor?
Samstag:	Wer leidet mit, wenn es mir schlecht geht?
SONNTAG:	Heute erzähle ich einem nahestehenden Menschen von meinen Mentoren.

2. WOCHE:
Was beschäftigt mich?

Womit soll ich also beginnen? Vielleicht mit deinen Beschäftigungen, denn in diesem Punkt habe ich mit dir am meisten Mitleid. Ich sagte Mitleid; das setzt jedoch voraus, dass auch du leidest. Sonst hätte ich eher sagen müssen: »Ich leide deinetwegen«, denn das Wort Mitleid passt nicht, wenn niemand leidet. Wenn du also leidest, leide ich mit dir, wenn nicht, leide ich trotzdem, ja sogar sehr, denn ich weiß, dass sich ein Glied noch weiter von der Gesundheit entfernt, wenn es fühllos geworden ist, so wie ein Kranker, wenn er den Ernst seines Leidens nicht erfasst. Doch das will ich keineswegs annehmen. (629)

Immer wieder werden im Berufsleben Veränderungen von uns gefordert, angestrebt und gewünscht. Dabei ist es gar nicht so einfach, Gewohntes hinter sich zu lassen, um sich einer neuen Aufgabe zu widmen. Es fällt uns schwer, Sicherheiten aufzugeben und sich wie auf unsicheres Eis auf Neuland zu begeben. Verständlicherweise können sich dabei in unserem Innersten Widerstände regen, gerade dann, wenn wir uns wie Eugen die Veränderung gar nicht ausgesucht haben.
Es ist beeindruckend, wie sensibel Bernhard den tief greifenden Veränderungsprozess seines Schützlings begleitet. Bernhard zeigt Anteilnahme, da er sich aus eigener Erfahrung vorstellen kann, was nun alles auf Eugen zukommt. Das neue Amt bringt

vielfältige, neue Anforderungen mit sich. Eine Amtsübergabe gibt es nicht, Eugen wurde also ins kalte Wasser geworfen. Eine Ausbildung zum Papst hatte er nicht bekommen, im Gegenteil, Eugen war zuvor Abt und Mönch eines Klosters am Stadtrand Roms, wo er in Stille und Zurückgezogenheit lebte. Nun steht er plötzlich im Rampenlicht der Öffentlichkeit, und es gibt kein Zurück mehr für ihn.

Mit allen möglichen und unmöglichen Dingen muss er sich nun als Papst beschäftigen. Bernhard kann sich gut vorstellen, dass die zahlreichen Anforderungen schnell zur Überforderung führen können. Er spricht sorgenvoll von den Beschäftigungen – ›occupationes‹, wie es im lateinischen Text heißt. ›Occupatio‹ meint ›Besitznahme, Besitzung, Beschäftigung, Geschäft‹, aber auch ›in Beschlag genommen werden‹ und ›Behinderung‹. Eugen wird okkupiert, das heißt, er ist nicht mehr Herr seiner selbst, sondern besetzt von vielerlei Dingen, Erwartungen und Aufgaben.

Bernhard benennt sie, um einen Überblick und Struktur zu schaffen.

Montag:	Was beschäftigt mich?
Dienstag:	Welche Veränderungen prägen mein Leben?
Mittwoch:	Welche Anforderungen werden an mich gestellt?
Donnerstag:	Wo fühle ich mich überfordert?
Freitag:	Was motiviert mich?
Samstag:	Was hält mich gefangen – was besetzt mich?
SONNTAG:	Heute beschäftige ich mich mit etwas, das mir Kraft für die kommende Woche gibt.

3. WOCHE:

Was freut mich – was schmerzt mich?

Ich weiß, welche Freuden du noch vor Kurzem in der wohltuenden Stille empfunden hast. Es ist unmöglich, dass du dich diesem Zustand so schnell entfremdet hast, es ist unmöglich, dass du so schnell keinen Schmerz mehr über diese neue Entbehrung fühlst. Eine frische Wunde schmerzt immer. Die Verletzung ist noch nicht vernarbt und kann nicht so schnell fühllos geworden sein. Wenn du dir aber nichts vormachst, bieten dir die täglichen Verzichte auch fortwährend Anlass zu gerechtem Schmerz (629).

In Motivationsseminaren wird häufig über das ›Freude-Schmerz-Prinzip‹ gesprochen. Sowohl Freude als auch Schmerz sind Antriebsfelder menschlichen Handelns. Zum einen gilt es, Schmerz zu vermeiden, zum anderen, Freude zu gewinnen. Häufig motiviert uns ein augenblicklicher, freudiger Genuss, wie etwa das Rauchen, wobei wir langfristige Schmerzen nicht bedenken.

Manchmal sind es Schmerzen, etwa infolge eines schlechten Arbeitsklimas, die uns zu Veränderungen drängen. Hier wurde langfristig nichts für den ›Freudengewinn‹ getan, sodass nun die ›Schmerzgrenze‹ erreicht ist.

Daher gilt es, beides zu bedenken, wenn es um Motivation geht: Wie kann ich Schmerz vermeiden, um Freude zu gewinnen? – Wie kann ich Freude gewinnen, um Schmerz zu vermeiden?

Bernhard hat dieses Prinzip sicher nicht gekannt. Aber aus eigener Erfahrung weiß er, wie schmerzlich die einschneidenden Veränderungen für Eugen sein müssen. Schließlich hat sich Eugen bewusst für das Leben als Mönch entschieden und daran Freude gehabt. Nun aber hat sich für ihn alles verändert. Ein von vielen weltlichen Dingen abgeschiedenes Leben in der wohltuenden Stille des Klosters ist Eugen genommen worden. Ihm wurde höchste Verantwortung übertragen und diese ist mit umfangreichem Verzicht verbunden. So muss nun Eugen vieles entbehren, was er an seiner früheren Lebensweise besonders schätzte, wie zum Beispiel das stille Beten und Lesen, ein geregelter Arbeitsalltag oder das Zusammenleben mit Gleichgesinnten. Vermutlich sehnt sich Eugen nach all dem, was er aufgeben musste.

Bernhard bestärkt seinen Mitbruder, den Schmerz zuzulassen, weil es eine gute Hilfe ist, sich nicht in den neuen Anforderungen aufzugeben. Ebenso will Bernhard, dass Eugen nicht vergisst, was ihn freut und ihm guttut.

Sowohl durch Schmerz als auch durch Freude soll der Papst lernen, auf sich selbst zu achten, sodass er an Seele und Leib gesund bleibt. Denn die seelisch-leibliche Gesundheit ist die beste Voraussetzung, ein neues Amt gut ausfüllen zu können.

Montag:	Was freut mich?
Dienstag:	Was schmerzt mich?
Mittwoch:	Gibt es alte Verletzungen und Wunden?
Donnerstag:	Worauf muss ich verzichten?
Freitag:	Was bin ich froh, los zu haben?
Samstag:	Worunter leide ich?
SONNTAG:	Heute gönne ich mir etwas, das mich freut.

4. WOCHE:

Wie ist das Verhältnis von Engagement und Erfolg?

Wie oft wünschst du etwas, doch vergeblich?
Wie oft setzt du dich ein und setzt doch nichts durch?
Wie oft versuchst du etwas, doch ohne Erfolg?
Liegst du in Wehen und bringst nichts zur Welt?
Setzt du an und wirst gehindert?
Und was du beginnst, das misslingt, ja während du noch am Anfang stehst, schneiden sie dir schon die Fäden ab?
(629)

»Das geht nicht!« – »Das können wir nicht so machen!« – »Das gab es noch nie!« – »Das wäre ein Affront!« – »Sie können es ja ruhig probieren, aber das wird nicht funktionieren!« – »Die Konsequenzen müssen allein Sie tragen!« So und ähnlich klingen Totschlagargumente und Killerphrasen, mit denen Veränderungen und Reformen ausgebremst werden sollen. Bernhard scheint diese verbalen Widerstände aus eigener Erfahrung gekannt zu haben, wenn er etwa vom ›Fäden-Abschneiden‹ spricht, sodass ein guter Vorschlag wie eine leblose Marionette in sich zusammensackt. Schließlich war er als junger Abt von Clairvaux eine der treibenden Kräfte für die Erneuerung benediktinischen Mönchtums und stieß dabei von innen und von außen auf erhebliche Widerstände. Bernhard hat selbst erfahren, dass Engagement und Erfolg oft nicht in einem ausgeglichenen Verhältnis zueinander stehen.

Ob bei den klösterlichen Reformversuchen, ob bei umstrittenen Bischofsernennungen oder in theologischen Auseinandersetzungen: Immer wieder musste Bernhard Rückschläge einstecken und sah sein umfangreiches Reformprojekt in Gefahr. Selbstredend konnte er als Abt von Clairvaux aufgrund seines unermüdlichen Engagements für die Reform der Kirche auch viele Erfolge verbuchen bis dahin, dass einer seiner Schüler Papst wurde. Dies bewegt Bernhard dazu, Eugen zu helfen, mit Misserfolgen umgehen zu lernen, sodass er nicht resigniert. ›Sein Kind‹ soll mit Hand und Fuß zur Welt kommen und nicht als Fehl- oder Missgeburt enden. Im Blick auf Bernhards Sorge ist es sinnvoll, sich der Frage nach dem Verhältnis von Engagement und Erfolg zu stellen. Auch wir kennen die vergebliche Liebesmühe, wenn unser Engagement weder auf Gegenliebe stößt noch den erwünschten Erfolg zeitigt. Gott sei Dank erfahren wir auch, dass der stete Tropfen den Stein höhlt und so manches unermüdliche Engagement am Ende doch mit Erfolg gekrönt wird. Manchen Totschlagargumenten wird so die Kraft genommen.

Montag:	Wie ist das Verhältnis von Engagement und Erfolg bei mir?
Dienstag:	Welche Ideen und Wünsche sind in Erfüllung gegangen?
Mittwoch:	Wo habe ich mich vergeblich gemüht?
Donnerstag:	Wo musste ich mich ein- und durchsetzen?
Freitag:	Auf welche Erfolge kann ich zurückschauen?
Samstag:	Welche Misserfolge gibt es?
SONNTAG:	Heute erfülle ich meinem Partner(-in) einen Wunsch.

5. WOCHE:

Was fühle ich – wo stumpfe ich ab?

Verlass dich nicht zu sehr auf deine derzeitige innere Verfassung! Nichts ist der Seele so tief verwurzelt, dass es durch Vernachlässigung und den Lauf der Zeit nicht verloren gehen könnte. Über eine alte, vernachlässigte Wunde wächst Schorf, und sie wird umso schwerer heilbar, je fühlloser die Narbe ist. Auch kann ein dauernder, starker Schmerz nicht lange ertragen werden. Wenn er nämlich nicht anders gestillt werden kann, so muss er von selbst weichen. Denn entweder führt ein Heilmittel rasch zur Linderung oder aber die lange Dauer zur Abstumpfung. Was vermag die Gewohnheit nicht alles zu wandeln? Was wird mit der Zeit nicht hart? Was hält der Abnützung stand? Bei wie vielen ist das, was sie früher wegen seiner Bitterkeit verabscheuten, durch die Gewöhnung leider süß geworden? Höre nur zu, wie ein Gerechter darüber klagt: »Was meine Seele früher nicht einmal anrühren wollte, ist mir nun in meiner Not zur Speise geworden« (Ijob 6,7). Zuerst wird dir etwas unerträglich erscheinen, nach einiger Zeit jedoch, wenn du dich nur daran gewöhnst, wirst du es nicht mehr für so schwer halten. Ein wenig später wird es dir sogar leicht vorkommen, dann gar nicht mehr auffallen und dir schließlich sogar gefallen. So verhärtet sich allmählich das Herz und wendet sich schließlich ganz ab. So ist es: Ein starker und anhaltender Schmerz wird, wie gesagt, ein rasches Ende finden: entweder Genesung oder Fühllosigkeit. (631)

›Workaholism‹ – ›Arbeitssucht‹ nimmt in unserer Gesellschaft besonders im Management rapide zu. Wenn die Anforderungen des Berufes gesteigert werden, werden private Interessen und Pflichten vernachlässigt. Der Arbeitstag wird Schritt für Schritt ausgedehnt, sodass wir früher beginnen und später nach Hause kommen. Ins Wochenende werden unerledigte Dinge mitgenommen. Um das angehäufte Arbeitspensum erfüllen zu können, wird sogar der Urlaub gekürzt. Ungewollt verliert man seinen Partner, seine Familie, seine Freunde aus dem Blick. Auch Hobbys kommen zu kurz. Schließlich lebt es sich auch ganz gut ohne Sport, so reden wir uns ein. Die Arbeit nimmt den Workaholic immer mehr in Beschlag. Jeden Morgen neu führen einen die vielfältigen Anforderungen in die Tretmühle. Gepaart mit einem unguten Pflichtbewusstsein nach dem Motto: »Wer soll es sonst machen!« stellen wir uns selbst immer mehr hintenan. »Schließlich muss der Laden ja laufen!« Selbstredend kann es notwendig sein, sich einer Aufgabe zu verschreiben, doch darf das nicht zum ›Burn-out‹ führen.

Wen wundert es, dass Bernhard hier gut mitfühlen kann, stand er ja selbst zeitlebens mit seinen vielfältigen Aufgaben in Gefahr, zum Arbeitstier zu werden. Auch Bernhard muss diesen schleichenden Abstumpfungsprozess gekannt haben, durch den man irgendwann an den Punkt kommt, wo man sich einredet: »Ich muss als Chef einfach funktionieren!«

Um dieser unguten Abstumpfung, die er auch bei Eugen wahrnimmt, entgegenzuwirken, ist es dem Abt von Clairvaux von größter Bedeutung, sein eigenes Fühlen und seine innere Verfassung ernst zu nehmen. Schmerz und Trauer können wertvolle Signale sein, sich zu überlegen, wie ein heilsamer Genesungsprozess in Gang kommen könnte, sodass ein Mensch nicht durch Abstumpfung, Abnützung und Fühllosigkeit verkommt.

Montag:	Was fühle ich?
Dienstag:	Wo stumpfe ich ab?
Mittwoch:	Was spüre ich nicht mehr?
Donnerstag:	Gibt es ungute Routine?
Freitag:	Wo muss ich neu anfangen?
Samstag:	Welche Narben, welche alten Wunden schmerzen noch – welche nicht mehr?
SONNTAG:	Heute lasse ich bewusst meinen Gefühlen freien Lauf.

6. WOCHE:

Bleibe ich offen oder verhärte ich?

Ich fürchte, dass du inmitten deiner zahlreichen Beschäftigungen, deren Ende du nicht absiehst, deine Stirn verhärtest und dich dadurch nach und nach selbst der gerechtfertigten und nützlichen Schmerzempfindung beraubst. Viel klüger wäre es, dich von ihnen zumindest zeitweilig loszureißen, als dich von ihnen mitreißen und – langsam, aber sicher – dorthin führen zu lassen, wohin du nicht willst. Wohin, fragst du? Zu einem verhärteten Herzen. Das allein macht das harte Herz aus, dass es vor sich selbst nicht erschrickt, weil es sich selbst nicht mehr wahrnimmt. Niemand hat mit einem verhärteten Herzen je das Heil erlangt, außer, wenn ihm Gott in seinem Erbarmen vielleicht das Herz aus Stein aus der Brust nahm und ihm ein Herz von Fleisch gab. (633)

»Ein Indianer kennt keinen Schmerz!«, so lautet eine bekannte Parole, die nicht nur heranwachsende Buben ausgeben, sondern nach der häufig auch in Manageretagen gelebt wird. Schließlich kann es sich ein engagierter Manager nicht leisten, krank zu werden oder gar Schwäche zu zeigen. Besser ist es, davon nichts zu erzählen. Auch ein Arzttermin könnte schnell falsch interpretiert werden und zu peinlichen Fragen führen: »Sind Sie etwa den Anforderungen nicht mehr gewachsen?« Daher ist es angeraten, nicht über das Pfeifen im Ohr zu sprechen und die Schmerzen in der Brust zu ignorieren. Ein Manager kennt keinen Schmerz: Das wird schon wieder! Hier zeigt sich Bernhard als wacher Begleiter und sensibler Seelsorger. Wer sich immer mehr der Schmerzempfindung beraubt, der beraubt sich letztlich des Lebens. Es gilt daher, physische und psychische Signale ernst zu nehmen. Es gilt, nicht zu verhärten, sondern offen zu bleiben für das, was sich im Herzen regt. Es gilt, wach zu bleiben, gerade auch für andere, die uns im drohenden Untergang ihre helfende Hand entgegenstrecken, wenn wir mitgerissen sind. Dies ist ein drastisches Bild, wenn wir uns etwa einen reißenden Bergbach vor Augen führen, in dem ein Mensch zu ertrinken droht und versucht, sich mit aller Kraft eine Zeit lang über Wasser zu halten, um dem Untergang zu entgehen! Daher empfiehlt Bernhard dem Papst, sich immer wieder von den Beschäftigungen loszureißen, also von Zeit zu Zeit etwas anderes zu tun. Denn eine gute Führungskraft zeichnet sich dadurch aus, dass sie sich nicht einfach mitreißen lässt, sondern sich und andere verantwortungsvoll führen kann.

Montag:	Bleibe ich offen?
Dienstag:	Verhärte ich?
Mittwoch:	Bin ich in meinen zahlreichen Beschäftigungen Herr der Lage?
Donnerstag:	Was erschreckt mich im Blick auf meine Entwicklung?
Freitag:	Was reißt mich mit?
Samstag:	Kann ich mich von Zeit zu Zeit losreißen?
SONNTAG:	Heute ruhe ich ein wenig aus und höre wach auf die Signale meines Körpers.

7. WOCHE:

Lasse ich mich von meinem Herzen leiten?

Was also ist ein verhärtetes Herz? Eines, das sich von keiner Reue zerreißen, keiner Liebe erweichen und keinen Bitten rühren lässt. Es lässt sich durch Drohungen nicht bewegen und wird bei Schlägen trotzig. Bei Wohltaten zeigt es sich undankbar, Ratschlägen gegenüber misstrauisch, beim Gericht wütend; bei Schandtaten skrupellos, tollkühn bei Gefahren, unmenschlich den Menschen und vermessen Gott gegenüber; es vergisst die Vergangenheit, vernachlässigt die Gegenwart und kümmert sich nicht um die Zukunft. (...)
Es ist seine Art, sich von der Vergangenheit allein das erlittene Unrecht zu merken, die Gegenwart zu vergeuden und für die Zukunft keinerlei Vorsorge oder Vorbereitung zu treffen, außer vielleicht, sich zu rächen. (...)
Es fürchtet Gott nicht und nimmt auf keinen Menschen Rücksicht. Sieh, wohin dich diese verfluchten Beschäftigungen bringen können, wenn du nur fortfährst, wie du begonnen hast, dich ihnen ganz anheimzugeben, und nichts von dir für dich zurückbehältst! Du verlierst deine Zeit (...): auch du richtest dich in unnützer Mühe mit diesen Dingen zugrunde, die nur den Geist niederdrücken, das Herz entleeren und die Gnade entkräften. (633ff.)

Wie wird man zu einem stahlharten Manager, der im Notfall bereit ist, über Leichen zu gehen? Bernhard scheint bei seiner Beschreibung des verhärteten Herzens mit seinem Kriterienkatalog eine Antwort zu geben. Es lohnt sich, diesen eingehend zu betrachten.

Zuerst spricht Bernhard von der Fähigkeit zur Reue. Sie ist gleichsam die Einsicht, dass jeder Mensch Fehler macht. Wer dagegen keine Reue mehr zeigt, sollte nicht denken, dass er perfekt wäre. Vielmehr fehlt ihm bereits die Fähigkeit zur kritischen Selbstwahrnehmung. Dies ist ein erster Schritt, der zur Verhärtung führt.

Wer sich zweitens von Liebe nicht mehr erweichen oder von keiner Bitte innerlich berühren lässt, wie Bernhard treffend fortfährt, der handelt nur noch als Maschine, zum Beispiel in Anwendung von Recht und Gesetz. Bettelbriefe landen ungelesen im Papierkorb, Bittsteller werden von der Sekretärin abgefangen, Katastrophenmeldungen im Fernsehen lassen einen kalt, die Gehaltserhöhung des Mitarbeiters interessiert nicht mehr.

Die Fühllosigkeit, die Bernhard beschreibt, zeigt sich auch in anderen Lebenssituationen: Wie gehe ich mit Rückschlägen und Drohungen um? Ist ein Herzinfarkt ein Schuss vor den Bug oder mache ich so weiter, als ob nichts gewesen wäre? Nehme ich Risikoprognosen ernst oder drehe ich lustig das Börsenkarussell, bis es zum Crash kommt?

Ebenso prangert Bernhard die Unmenschlichkeit an. Entweder verrohen wir durch menschenunwürdige Verhaltensstrukturen oder heben gleichsam als Halbgott in grenzenloser Arroganz ab. Die Menschlichkeit bleibt auf alle Fälle auf der Strecke.

Damit verkommt auch jedes Zeitempfinden. Das Herkommen, also die Vergangenheit, wird vergessen und verdrängt: die einfachen familiären Verhältnisse, die Menschen, die einem geholfen haben und auf die wir aufbauen durften.

Die Gegenwart wird vernachlässigt, indem Termin für Termin abgearbeitet wird, sodass wir das Jetzt nicht mehr genießen können. Man lebt in den Tag und vergisst dabei die Zukunft, vergisst, dass unsere Lebenszeit begrenzt ist.
Der Kriterienkatalog stimmt nachdenklich, denn das verhärtete Herz, wie es Bernhard beschreibt, charakterisiert einen Manager, der bereit ist, über Leichen zu gehen, letztlich sogar über die eigene.

Montag:	Lasse ich mich von meinem Herzen leiten?
Dienstag:	Bin ich dankbar?
Mittwoch:	Was reut mich?
Donnerstag:	Nehme ich Rücksicht?
Freitag:	Halte ich mich an Vorschriften?
Samstag:	Wie sehe ich Vergangenheit, Gegenwart und Zukunft?
SONNTAG:	Heute spreche ich darüber, was mich in der vergangenen Woche gefreut und geärgert hat.

8. WOCHE:

Wie gehe ich mit meiner Zeit um?

Ich bitte dich, was soll das sein, vom Morgen bis zum Abend zu streiten oder Streitende anzuhören? Und würde doch wenigstens der Tag für dieses Übel genügen! Doch auch die Nächte bleiben nicht verschont. Kaum gesteht man der Natur ihre Bedürfnisse zu, was der arme Leib an Erholung braucht, und schon heißt es aufstehen für neues Gezänk. Ein Tag speit dem anderen Streit entgegen, und eine Nacht tut der anderen Bosheit kund, bis zu dem Maß, dass es keine Erholung bei guten Beschäftigungen mehr gibt, keine zeitweiligen Ruhepausen und keine oder nur noch seltene freie Augenblicke. Ich bezweifle nicht, dass auch du das alles bedauerst. Das nützt jedoch nichts, wenn du nicht auch nach Verbesserung strebst. (...) Groß ist die Tugend der Geduld, doch in diesem Fall kann ich sie dir nicht wünschen! Zuweilen ist es lobenswert, ungeduldig zu sein. (635)

Freizeitstress gehört zu den modernen Zivilisationskrankheiten, der sogar im Urlaub zum ›Burn-out‹ führen kann. Bernhard hat diesen Zustand sicher nicht gekannt. Bestimmt aber gab es auch in seinem Leben genug Anspannungen, die ihn belastet haben. ›Anspannen‹ heißt im Lateinischen ›stringere‹. Unser englisches Lehnwort ›Stress‹ leitet sich davon ab.

Als Schüler des hl. Benedikt wusste Bernhard, wie lebensnotwendig Atempausen sind. Daher sieht die Regel Benedikts im Rhythmus von Gebet und Arbeit bewusst freie Zeiten für die geistliche Lesung vor. Er bestimmt auch, dass seine Mitbrüder genug Zeit zum Schlafen haben. Freie Zeit dient dem Mönch zur Regeneration und zur Rekreation.

Selbstredend kannten die Mönchsväter auch den Zeitvertreib. Wenn wir allerdings die Zeit ›vertreiben‹ müssen, weil wir mit ihr nichts anfangen können, oder sie aus lauter Langeweile ›totschlagen‹, führt dies vermutlich zu keiner erfüllenden Erholung. Die Mönchsväter nannten diesen Zeitvertreib ›acedia‹ – ›Müßiggang‹ und beschrieben ihn als schweres Laster.

Dass dieses Laster auch Eugen packen könnte, war wohl nicht Bernhards Sorge. Vielmehr empfiehlt er seinem Mitbruder Erholung bei guten Beschäftigungen, zeitweilige Ruhepausen und freie Augenblicke bei allem Stress, den er aushalten muss. Bestimmt wusste Bernhard, dass es nicht einfach ist, sich in einem straffen Zeitplan Pausen zu reservieren. Daher rät er Eugen zu einer gewissen Ungeduld: Der Papst darf nicht alles dulden, sondern sollte immer wieder Verbesserungen seiner Tagesplanungen anstreben.

Der Begriff ›Verbesserung‹ – ›emendatio‹, den Bernhard verwendet, ist ein Lieblingswort Benedikts. Er spricht davon, wenn er bei Verfehlungen Strafen androht. Diese sollen zur Verbesserung führen (vgl. RB Prol 47).

Bernhard ist fest davon überzeugt, dass sich Eugen verfehlt,

wenn er Tag und Nacht arbeitet. Hier braucht es – zur ›Psychohygiene‹, von der wir heute sprechen – Zeiten der Regeneration.
Ob sie sich Bernhard selbst genommen hat? Zumindest konnte er bei Gebet und Lesung völlig in eine andere Welt abtauchen. So ist bekannt, dass Bernhard einmal lesend auf dem Rücken eines Esels sitzend gar nicht mitbekam, dass er am Genfer See vorbeigeritten war. So versunken war er in eine andere Welt.

Montag:	Wie gehe ich mit meiner Zeit um?
Dienstag:	Kann ich gut einschlafen?
Mittwoch:	Was träume ich?
Donnerstag:	Welche Ruhepausen oder freien Augenblicke nehme ich mir?
Freitag:	Wie erhole ich mich?
Samstag:	Ist Zorn und Ungeduld für mich eine vitale Lebenskraft?
SONNTAG:	Heute bleiben alle E-Mails etc. ungelesen. Dafür höre ich Musik, die mir gefällt.

9. WOCHE:

Was versklavt mich – was befreit mich?

Es ist keine rechte Geduld, wenn du dich zum Sklaven machen lässt, obwohl du frei sein könntest! Ich möchte nicht, dass du dich bezüglich der Sklaverei, in die du mit der Zeit – ohne es zu merken – sicher gerätst, einer Täuschung hingibst! Es ist ein Zeichen eines abgestumpften Herzens, wenn man die eigene dauernde Drangsal selbst gar nicht merkt. (...) Wach also auf! Hüte dich nicht nur, nein, bebe vor dem Joch der furchtbarsten Knechtschaft, das dich jetzt schon bedroht, ja bereits empfindlich niederdrückt! Oder bist du deswegen kein Sklave, weil du nicht einem Herrn, sondern allen dienst? (...) Doch sage mir auch du bitte: Wo bist du jemals frei, wo ungestört, wo gehörst du dir selbst? (635ff.)

Im Fachjargon heißt Zeitarbeit ›Arbeitnehmerüberlassung‹. Ein Arbeitnehmer überlässt sich dabei ganz einem Zeitarbeitsunternehmen. Dieser sogenannte Verleiher vermittelt nun seine Leiharbeiter an Dritte, auch Entleiher genannt.

Für manche ist die Arbeitnehmerüberlassung die Sklavenhaltung des 21. Jahrhunderts, da der Arbeitnehmer nicht mehr frei entscheiden kann, sondern von seiner Firma völlig abhängig ist und wie ein Sklave im Dienst eines fremden Herrn steht.

Im modernen Management dagegen wird häufig ›Arbeitszeitsouveränität‹ praktiziert. Die Führungskraft kann sich ihre Arbeitszeit frei einteilen. Sie bestimmt, wann sie ins Unternehmen kommt und wieder geht, wie viel Urlaub und freie Tage sie nimmt. Das klingt zunächst lukrativ. Allerdings hat die Arbeitszeitsouveränität auch ihre Tücken. Aufgrund des hohen Arbeitspensums und des internen Drucks nimmt man die zustehende Freizeit nicht in Anspruch, sondern arbeitet mehr. Schließlich kommt es bei Kollegen und Vorgesetzten nicht gut an, wenn jemand erst um 10 Uhr das Arbeiten beginnt oder ständig frei macht. Dazu braucht es schon eine gehörige Portion Selbstbewusstsein sowie das Wissen, dass man mit seinem Können unersetzbar ist.

Mit eindringlichen Worten ermahnt Bernhard seinen Mitbruder Eugen, sich nicht zum Sklaven machen zu lassen. Schließlich bedeutet Mönchsein, wie es Papst Gregor der Große in seiner Lebensbeschreibung des hl. Benedikt ausdrückt, ›vacare in Deo – frei sein für Gott‹.

Hier zeigt sich, dass der Mönch allein Gott gehören will, ausschließlich in seinem Dienst steht, und dass diese Bindung ihn zum Leben befreit. Wer dagegen allen dienen will, wie Bernhard kritisch zu bedenken gibt, der ist nicht mehr frei, sondern wird von vielerlei niedergedrückt. Und wenn es schon zu Abhängigkeiten kommt, so der abschließende Gedanke Bernhards, dann müssen Motiv und Ziel lebenswert sein. Letztlich ist das dann die Frage nach der Berufung: Für was bin ich bereit, mein Leben zu investieren, es hinzugeben?

Montag:	Was befreit mich zur Lebensfreude?
Dienstag:	Was versklavt mich?
Mittwoch:	Will ich allen dienen, sodass ich ein Leiharbeiter bin?
Donnerstag:	Kämpfe ich um meine Freizeit?
Freitag:	Wo und wann bin ich ungestört?
Samstag:	Wo gehöre ich mir selbst?
SONNTAG:	Heute schaue ich mir Urlaubsbilder an.

10. WOCHE:

Wie kann ich den Alltagstrott durchbrechen?

Wann beten wir schließlich? Wann lehren wir die Völker? Wann bauen wir die Kirche auf? Wann sinnen wir über das Gesetz? Ja, freilich wird im Papstpalast täglich viel Lärm um die Gesetze gemacht, aber nicht um die des Herrn, sondern um die Justinians! Ist das richtig so? Das musst du erwägen! (...) »Was willst du, dass ich tun soll?«, fragst du. Halte Abstand von diesen Geschäften! »Unmöglich!«, wirst du vielleicht antworten. »Leichter ist es, gleich den Stuhl Petri zu verlassen.« Das wäre richtig, wenn ich verlangt hätte, mit diesen Geschäften ganz zu brechen, und nicht bloß, sie zu unterbrechen. (639)

»Wie steht es um Ihre ›Work-life-Balance‹ – ist sie im Gleichgewicht oder müssen Sie daran arbeiten?« So lautet eine Frage, die häufig in Managementseminaren gestellt wird. Es ist offensichtlich eine Lebensaufgabe, immer wieder einen guten Ausgleich zwischen Arbeit und Freizeit zu suchen.

Im Begriff der ›Work-life-Balance‹ lässt sich das benediktinische ›ora et labora‹ wiederfinden. Manchmal werden wir Mönche gefragt, was denn das Wichtigere sei, das ›ora‹ oder das ›labora‹? Das wichtigste Wort ist aber das ›et‹. Es kommt immer wieder darauf an, dass Arbeit und Gebet sinnvoll und ausgewogen miteinander verbunden werden.

Bei der Erstellung einer ausgeglichenen ›Work-life-Balance‹ sind ein guter Zeitplan sowie eine Prioritätenliste hilfreich. Diese Liste sollte nicht nur Anforderungen der Arbeit, sondern auch Bereiche der Freizeit wie Partnerschaft, Familie, soziales Engagement oder Hobbys beinhalten.

Ganz in diesem Sinn stellt Bernhard dem Papst kritische Fragen. Er hält ihm vor, Eugen würde sich zu sehr um die Gesetze Justinians kümmern, in denen es letztlich um weltliche Macht geht. Dabei würde der Papst seine eigentlichen Aufgaben vergessen, wie etwa das Gebet, die Lehre, die Auferbauung der Kirche, das Nachsinnen über das Gesetz Gottes. Es täte ihm gut, eine Prioritätenliste zu erstellen, aber der alltägliche Anforderungsdruck hat Eugen fest im Griff. Daher empfiehlt Bernhard die heilsame Unterbrechung. Sie soll dem Papst helfen, zur Ruhe zu kommen und seine Zeitplanung zu überdenken.

Bernhard selbst ist von seinen zahlreichen Reisen durch ganz Europa nach Clairvaux in sein Kloster zurückgekehrt, um dort zur Ruhe zu kommen. Er hat streng auf den klösterlichen Rhythmus geachtet, damit gerade die Gebets- und Betrachtungszeiten bei allem Aktionismus, der sein Leben prägt, nicht auf der Strecke bleiben.

Den Alltagstrott zu unterbrechen ist nicht einfach. Durch den anhaltenden Druck können resignative Gedanken aufkommen: Wie schön wäre es, alles hinzuschmeißen, um wieder frei zu sein! Auch dieses Gefühl kennt Bernhard, und er erinnert Eugen an seine Verantwortung, die freilich ihn selbst einschließt. Dazu empfiehlt er die Unterbrechung und die Besinnung auf die eigentlichen Aufgaben, um so einen gesunden Abstand zu finden zu den vielen Dingen, die auch erledigt werden müssen.

Montag:	Wie kann ich den Alltagstrott durchbrechen?
Dienstag:	Wo und wie komme ich zur Ruhe?
Mittwoch:	Was sind meine eigentlichen und wesentlichen Aufgaben?
Donnerstag:	Wovor möchte ich fliehen?
Freitag:	Wo habe ich ein Rückzugsrefugium?
Samstag:	Wo braucht es eine heilsame Unterbrechung – ein Cut?
SONNTAG:	Heute überlege ich mir, was ich kommende Woche mit der Familie, Freunden usw. tun kann, um bewusst den Alltagstrott zu unterbrechen.

11. WOCHE:

Nehme ich mir Zeit zur Selbstreflexion?

Höre also, was ich rügen und raten möchte: Wenn du dein ganzes Leben und Wissen für die Tätigkeit aufwendest, für die Besinnung aber nichts, soll ich dich da etwa loben? In diesem Fall kann ich dich nicht loben (1 Kor 11,22). Ich glaube, auch sonst niemand, der das Wort Salomos gehört hat: »Wer seine Tätigkeit einschränkt, wird zur Weisheit gelangen« (Sir 38,25). Ganz gewiss ist es auch für das Handeln selbst ungünstig, wenn ihm nicht die Besinnung vorangeht. Wenn du vom gleichen Wunsch beseelt bist, für alle da zu sein wie der Apostel, der allen alles geworden ist, so lobe ich deine Menschenliebe, doch nur, wenn sie vollkommen ist. Wie kann sie aber vollkommen sein, wenn du ausgeschlossen bist? Auch du bist ein Mensch. Die Menschenliebe kann somit nur dann umfassend und vollständig sein, wenn das Herz, das alle umschließt, auch dich aufnimmt. Denn was nützt es dir sonst, wenn du alle gewinnst, wie der Herr sagt, nur dich selbst aber verlierst? (639ff.)

»Unsere Führungskräfte sind verpflichtet zur Selbstreflexion.« So ist häufig in Führungsleitbildern zu lesen. Es stellt sich die Frage, wann und wo im Arbeitsalltag dazu Orte bereitgestellt und Zeiten reserviert werden. Dabei ist unstrittig, dass die Reflexion unabdingbare Voraussetzung für verantwortungsbewusstes Handeln ist, entsprechend dem Grundsatz: »Erst denken, dann handeln.«

Davon ist auch Bernhard überzeugt, wenn er schreibt, dass die Besinnung dem Tun vorausgehen sollte. Ansonsten sieht er die Gefahr, dass Eugen einem geistlosen Aktionismus verfällt. Mit den Signalworten ›Audi ergo – Höre also‹ rät Bernhard dem Papst, seine Tätigkeiten einzuschränken, um dadurch zur Weisheit zu gelangen. Hier stellt sich Bernhard in die Tradition des hl. Benedikt, der seine Regel mit den Worten beginnt: »Höre mein Sohn!«

Das Hören steht für die wache Offenheit des Menschen. So ist das Gehör der erste Sinn, der im Mutterleib erwacht. Hören meint, ein Wort von außen nach innen zu lassen, es aufzunehmen und zu reflektieren, bevor es dann zur ›Ant-Wort‹ kommt, die schließlich in die ›Ver-Ant-Wortung‹ münden kann.

Vom Hören führt der Weg über den Dialog zur Tat. Neben dem Imperativ ›Audi – Höre‹ verwendet Bernhard auch das Wörtchen ›ergo‹ – ›also‹. Auch dieses ist für Benedikt ein Signalwort. Er verwendet es in seiner Regel immer dann, wenn er auf etwas besonders Wichtiges hinweisen will (vgl. RB 1,13; 73,8). Wenn nun Bernhard diese beiden Wörter bewusst einsetzt, müssen sie Eugen geradezu ins Ohr gesprungen sein. Jetzt heißt es aufzupassen, wach zu sein!

Bernhard erinnert Eugen an die Weisheit. Das lateinische Wort ›sapientia‹ leitet sich vom Verb ›sapere‹ ab, was ursprünglich ›Geschmack finden‹ heißt. Damit ist weniger gemeint, dass einem etwas gut schmeckt, sondern vielmehr, dass durch Sensibilität und Vergleich der eigentliche Geschmack einer Speise erkannt wird. Dazu braucht es freilich kontinuierliche Übung. Weisheit hat somit nichts mit ›Fastfood‹ zu tun, wodurch das Bedürfnis nach Nahrungsmittelaufnahme schnell gestillt wird. ›Weisheit zu erlangen‹ bedeutet vielmehr sensibles Probieren, kritisches Abwägen und Vergleichen, bis man einer Sache auf den Grund gekommen ist, sodass diese eindeutig bestimmt werden kann. Das benötigt selbstredend Zeit und Ausdauer.

Dies gilt freilich auch für die Selbstreflexion. Wenn Bernhard Eugen daran erinnert: »Auch du bist ein Mensch!«, ist das eine entlastende Feststellung. Eugen ist nicht der Traumpapst oder der idealtypische Alleskönner und braucht es auch nicht zu sein. Menschsein bedeutet über Stärken und Schwächen zu verfügen und darin begrenzt zu sein, sodass manches gelingt und anderes wiederum misslingt. Um sich dabei aber weder zu über- noch zu unterfordern ist die Selbstreflexion unverzichtbar.

Montag:	Nehme ich mir Zeit zur Selbstreflexion?
Dienstag:	Habe ich ein Ohr für mich?
Mittwoch:	Was ist mir wichtig?
Donnerstag:	Habe ich Zeit zum Abwägen und Vergleichen?
Freitag:	Kann ich mir Schwächen ehrlich eingestehen?
Samstag:	Denke ich zuerst nach, bevor ich handle?
SONNTAG:	Heute esse und trinke ich etwas, das mir gut schmeckt, und lasse mir Zeit zum Genießen.

12. WOCHE:
Wem bin ich Quelle?

Wenn dich deshalb alle in Beschlag nehmen, so sei auch du selber einer von ihnen.
Wieso sollst nur du um das Geschenk deiner selbst betrogen werden? Wie lange noch willst du ein Geist sein, der ausgeht, aber nicht heimkehrt? Wie lange noch willst du dich nicht auch selbst empfangen, wenn unter den anderen die Reihe an dich kommt? Klugen und weniger Klugen bist du verpflichtet, nur dir allein willst du dich versagen? Törichte und Weise, Sklaven und Freie, Reiche und Arme, Männer und Frauen, Alte und Junge, Kleriker und Laien, Gerechte und Ungerechte, alle haben gleichermaßen Anteil an dir, alle schöpfen aus deinem Herzen wie aus einer öffentlichen Quelle. Nur du allein willst abseits stehen und dürsten? Wenn der verflucht ist, der sein Erbteil schmälert, was gilt dann von dem, der es gänzlich verliert? Freilich sollen deine Quellen auf die Straßen fließen, Menschen, Großvieh und Kleinvieh sollen daraus trinken, selbst den Kamelen des Knechtes Abrahams sollst du einen Trunk anbieten, doch mit den anderen trinke auch du vom Wasser deines Brunnens! Die Schrift sagt: »Kein Fremder soll daraus trinken!« Bist du etwa ein Fremder? Wem bist du nicht fremd, wenn du es dir selber bist? (641)

Wenn sich die Produktion ausschließlich an Mehrwert und Profit orientiert, dann entfremdet sich der Arbeiter von seinem Produkt und damit von sich selbst, so lautete, kurz gefasst, die Kritik des Marxismus am Kapitalismus. ›Entfremdung‹ ist seitdem zum Schlagwort geworden.

Diese Selbstentfremdung durch erdrückende Arbeitslast beschreibt Bernhard in erstaunlichen Worten, wenn er Eugen die Frage stellt: »Wem bist du nicht fremd, wenn du es dir selber bist?«

Im Lateinischen meint das Wort ›alienus‹ ›einem anderen gehörig, nicht verwandt, fernstehend‹, aber auch ›abgeneigt‹ und ›feindselig‹. All das schwingt mit, wenn Bernhard vor der Selbstentfremdung warnt und zur Heimkehr zu sich selbst ermuntert.

Auch in dieser Aufforderung zeigt sich Bernhard als weiser Sohn Benedikts. Papst Gregor der Große weiß zu berichten, dass der junge Benedikt, der als Eremit in einer Höhle wohnte, von einer benachbarten Klostergemeinschaft zu deren Abt gewählt wurde. Benedikt nimmt die neue Aufgabe an, scheitert jedoch. So kehrt er in die Einsamkeit der Höhle zurück.

Papst Gregor nennt diese Rückkehr in die Höhle ›wohnen bei sich selbst – habitare secum‹. Zugleich erklärt er, was dies bedeutet: »Sich selbst erforschen – nicht andere, sich selbst im Auge behalten, nicht andere.«

Die Höhle, in die sich der junge Benedikt zurückzieht, liegt in den Bergen in der Nähe eines Sees, in dem sich frische Quellwasser sammeln, die sich dann in einen Fluss ergießen. Der Ort wird bis heute noch Subiaco genannt (von ›sub lacum‹ – ›unterhalb des Sees‹). Diese topografischen Hinweise, die Gregor der Große gibt, veranschaulichen, was es bedeutet, bei sich selbst zu wohnen: sich aus den Quellen zu speisen, sodass sich der See füllen kann und dieser in seinem Überfluss zum lebensspendenden Fluss für andere wird.

All das schwingt mit, wenn Bernhard Eugen mit einer öffentlichen Quelle vergleicht, aus der auch er selbst schöpfen soll. Falsch verstandener Altruismus dagegen führt zur Selbstentfremdung.

Bernhard ist sich bewusst, dass der Papst für viele eine Quelle ist. Damit aber Eugen nicht verdurstet oder ausbrennt, wie wir heute sagen würden, damit es nicht zur Selbstentfremdung kommt, darf er sich nicht um das Geschenk seiner selbst betrügen. Können wir das auch von uns sagen?

Montag:	Wem bin ich Quelle?
Dienstag:	Bin ich ausgebrannt?
Mittwoch:	Wonach dürstet mich?
Donnerstag:	Wem versage ich mich?
Freitag:	Was bedeutet mir Heimat?
Samstag:	Bin ich mir selbst fremd geworden?
SONNTAG:	Heute suche ich eine Quelle auf, die mich erfrischt.

13. WOCHE:
Achte ich auf mich?

Achte also darauf, dass du dir – ich will nicht sagen, immer, nicht einmal häufig, doch dann und wann – Zeit für dich selber nimmst! Zieh auch du selbst Nutzen aus dir, zusammen mit den vielen anderen, oder zumindest nach ihnen! Kann ich noch weniger verlangen? Ich sage das doch schon aus Nachsicht, nicht aus Überzeugung. (641ff.)

»Heute besuch ich mich, hoffentlich bin ich zu Hause!«, so lautet eine Aussage von Karl Valentin, die selbstredend viel Wahres beinhaltet. Bei sich daheim zu sein, ist gar nicht so einfach, besonders dann, wenn jemand auf vielerlei Weise beansprucht wird. Wie schwer fällt es uns dann, Ruhe und Nichtstun auszuhalten. Selbst unliebsame Tätigkeiten, wie etwa Aufräumen oder Putzen, können in solchen Situationen willkommene Ablenkungen sein, damit wir uns nicht mit uns selbst beschäftigen müssen.

Liebevoll ermahnt Bernhard seinen Mitbruder nicht zu verlernen, bei sich zu Hause zu sein, wenn er schreibt: »Achte also darauf, dass du dir (...) dann und wann Zeit für dich selber nimmst.« ›Reddere te ipsum tibi‹ – ›dass du dich zu dir zurückbegibst‹ heißt es im Verlauf des lateinischen Textes, oder wie es manche griffiger übersetzen: »Gönne dich dir selbst!«

Für einen Mönch, der sein ganzes Leben Gott verschrieben hat, mag dieser Rat zunächst etwas befremdlich sein. Wenn man sich dann noch in Erinnerung ruft, wie räuberisch Bernhard selbst mit seiner Gesundheit und Lebenskraft umgegangen ist, dann sind diese eindringlichen Worte umso erstaunlicher.

Aus den mahnenden Worten Bernhards: »Gönne dich dir selbst – nimm dir Zeit für dich« klingt eine tiefe Lebenssehnsucht, die der Beachtung bedarf. Der Abt von Clairvaux hat am eigenen Leib erfahren, dass Selbsthingabe nicht Selbstverachtung sein darf. Wenn Gott uns das Leben geschenkt hat, dann ist es Lob des Schöpfers, mit diesem Geschenk achtsam umzugehen. Dabei sieht es Bernhard als notwendig an, keinen Raubbau mit sich selbst zu betreiben. In seinem Aufruf: »Achte – Memento!« klingt viel Demut mit: »Erinnere dich, auch du bist ein Mensch!«

Menschsein bedeutet, nicht Gott zu sein. Menschsein bedeutet, Bedürfnisse zu haben, die ›Not-wendig‹ im wahrsten Sinn des Wortes erfüllt werden müssen. Nur dann kann unser Leben glücken und gelingen.

»Gönne dich dir selbst – nimm dir Zeit für dich«: Wie schön und bereichernd ist es, wenn wir gern bei uns zu Hause sind!

Montag:	Achte ich auf mich?
Dienstag:	Achte ich auf meine Ernährung, Etikette, Kleidung, Körperpflege und Umgangsformen?
Mittwoch:	Was gönne ich mir?
Donnerstag:	Kann ich mir Quelle sein?
Freitag:	Kann ich mit mir noch etwas anfangen?
Samstag:	Habe ich Achtsamkeit für die Wünsche anderer?
SONNTAG:	Heute setze ich mich eine Zeit lang ruhig hin und achte darauf, welche Gedanken in mir aufsteigen.

14. WOCHE:

Wie prüfe ich mich?

Zuerst aber reinigt die Besinnung ihre eigene Quelle, das heißt, den Geist, aus dem sie entspringt. Dann zügelt sie die Gefühle, lenkt die Taten, verbessert Übertreibungen, baut die Sittlichkeit auf, gibt dem Leben Ehrbarkeit und Ordnung und verleiht schließlich ein tieferes Wissen in göttlichen und menschlichen Dingen. Sie ist es, die Klarheit in Verwirrung schafft, Gegensätze überbrückt, das Zerstreute eint, das Geheime erforscht, die Wahrheit ausfindig macht, das Wahrscheinliche überprüft und Erfundenem und Erlogenem auf die Spur kommt. Sie ordnet die Handlungen im Voraus und überdenkt sie nach ihrer Ausführung, sodass nichts im Geiste zurückbleibt, was nicht verbessert wurde oder noch der Verbesserung bedarf. Sie ist es, die im Glück das Unglück vorausfühlt, im Unglück dagegen so tut, als fühle sie es nicht: Das eine ist der Klugheit, das andere der Tapferkeit zuzuschreiben. (649)

Für den anhaltenden Erfolg eines Unternehmens ist ›Qualität als Gütesiegel‹ entscheidend. Im Qualitätsmanagement werden daher alle organisierten Maßnahmen, die der Verbesserung von Produkten, Prozessen oder Leistungen eines Unternehmens dienen, zusammengefasst. Voraussetzung dafür ist die Qualitätssicherung, sodass ein kontinuierlicher Reflexionsprozess in Gang gesetzt wird.

Auch Bernhard geht es um Qualität, wenn er von Reinigung und Klarheit spricht, um so Verbesserungen voranzubringen. Dazu bietet er Eugen verschiedene Kriterien an. Zunächst muss dieser sich bewusst sein, dass Qualitätssicherung Verpflichtung zur Besinnung und zur Reflexion bedeutet und daher kontinuierlich Zeit beansprucht.

Freilich ist es häufig gar nicht so einfach, sich frei zu machen, wenn es darum geht, den Terminkalender zur Seite zu legen, das Handy auszuschalten oder nicht sofort den Computer einzuschalten. Hier zeigt sich, dass Besinnung und Selbstreflexion wirkliche Werte sind.

Bernhard empfiehlt dabei, seine Gefühle zu zügeln, also sich zu fragen: Was treibt mich an? Er will, dass Eugen bewusst handelt und sich nicht von Stimmungen oder von Zeitdruck leiten lässt. Dabei soll er darauf achten, wie er zu einer realistischen Sicht der Dinge kommen kann, indem er zum Beispiel Übertreibungen jeder Art vermeidet. Sie sind oft Ausdruck einer gestörten Wirklichkeitswahrnehmung. Auch gehören für Bernhard Sittlichkeit, Ordnung und Ehrbarkeit zur Reflexion, sodass jede Form von Korruption und Willkür ausgeschlossen wird. Ferner fordert er, dass sich Eugen für die Recherchen Zeit nimmt, für nachhaltige Bildung und eingehende Erforschung der Sachlage. All das hilft, verworrene Prozesse wie die Fäden eines Knäuels Schritt für Schritt zu entwirren, sodass man zu einer klareren Sicht der Dinge kommt.

Wenn Bernhard davon spricht, das Geheime zu erforschen, könnten damit auch so manche ›Geheimen Spielregeln‹ ans Licht kommen, die den Alltag bestimmen, aber für ein gutes Miteinander und Arbeitsklima kontraproduktiv sind. So will er, dass Eugen durch die Reflexion sowohl Erfundenem als auch Erlogenem auf die Spur kommt.

Qualität kann nur dann sichergestellt werden, wenn Aktionen im Voraus gut geplant und im Nachhinein nochmals kritisch reflektiert werden. Auch dessen ist sich Bernhard bewusst. Hier gilt es, aus Fehlern zu lernen, sich zu korrigieren und den Mut zu haben, neu anzufangen.

Es ist erstaunlich, wie nüchtern und realistisch Bernhard dem Papst die Besinnung als Instrument zur Qualitätssicherung ans Herz legt, sodass Eugen seinem hohen Amt mit seinen Erwartungen gerecht werden kann.

Montag:	Wie prüfe ich mich?
Dienstag:	Wie viel Zeit verwende ich zur Reflexion?
Mittwoch:	Wie stelle ich Qualität sicher?
Donnerstag:	Wie komme ich sowohl Erlogenem als auch Erfundenem auf die Spur?
Freitag:	Von wem lasse ich mich lenken (Kennzahlen, Headhunter, Terminkalender)?
Samstag:	Wie bekomme ich Klarheit für meine Entscheidungen?
SONNTAG:	Heute gönne ich mir etwas, das für mich Lebensqualität bedeutet.

15. WOCHE

Was ist notwendig – was ist überflüssig?

Denn die Besinnung beurteilt sowohl den einen, der das Notwendige hartnäckig beschneidet, als auch den anderen, der dem Überfluss huldigt, als maßlos. Daher gehört es nicht bloß zur Mäßigkeit, dass sie den Überfluss beschneidet, sondern auch, dass sie das Nötige gewährt. Was diese Lehre betrifft, so scheint der Apostel nicht nur ihr Verkünder, sondern auch ihr Begründer zu sein, wenn er lehrt, dass die Sorge für unseren Leib nicht in der Begierde übertrieben werden dürfe. Mit den Worten »Die Sorge soll nicht übertrieben werden« lehnt er Überflüssiges ab, mit der Hinzufügung ›in der Begierde‹ schließt er das Notwendige nicht aus. Daher scheint es mir nicht ganz unsinnig, wenn einer die Mäßigkeit mit der Aussage umschreibt, dass sie das Notwendige weder unterdrückt noch überschreitet – nach jenem Philosophenwort: »Nichts geschehe im Übermaß!« (649ff.)

Wir leben in einer Überflussgesellschaft. Überfluss meint Fülle, die die Grenze überschreitet, etwa wenn Wasser über den Rand des vollen Eimers fließt oder der Fluss bei Hochwasser über das Flussbett tritt. Wenn das Maß also voll ist, kommt es zum Überfluss, zum Zeichen von Maßlosigkeit.

Das lässt sich auch an unserem Konsumverhalten feststellen. Die Frage: »Brauche ich das *alles* wirklich?« kann hilfreich sein, Maßlosigkeit zu entlarven. Dabei mag auch das Wörtchen ›notwendig‹ nützlich sein, das Bernhard verwendet: »Was wendet meine – unsere Not?«

Als Mönch ist Bernhard dazu erzogen worden, alles Überflüssige in asketischer Strenge zu vermeiden. Freilich kann das dazu führen, dass im Eifer auch das Notwendige unterdrückt wird. Es ist beachtlich, dass Bernhard, der selbst zur strengen Askese neigte, darauf hinweist, das Notwendige zu gewähren. Wiederum zeigt er sich als treuer Schüler Benedikts. Benedikt hatte im 33. Kapitel seiner Regel jede Form von Eigenbesitz des Mönchs verboten – »dieses Laster muss mit der Wurzel aus dem Kloster ausgerottet werden« (RB 33,1) –, fordert jedoch im folgenden Kapitel die Zuteilung des Notwendigen: »Jedem wurde so viel zugeteilt, wie er nötig hatte« (RB 34,1). An anderer Stelle veranschaulicht Benedikt, was für einen Mönch alles notwendig sein kann: »Um dieses Laster des Eigenbesitzes mit der Wurzel auszurotten, muss der Abt alles Notwendige geben: Kukulle, Tunika, Socken, Schuhe, Gürtel, Messer, Griffel, Nadel, Tuch, Schreibtafel. So kann sich keiner damit entschuldigen, es habe ihm etwas Notwendiges gefehlt« (vgl. RB 55,18–19).

Benedikt verallgemeinert nicht, sondern nimmt Rücksicht auf die Schwächen des Einzelnen. Traurigkeit und Murren, also destruktive Kritik und schlechte Stimmung will er vermeiden. Letztlich spiegelt sich darin die Überzeugung, dass Gerechtigkeit auf der Ebene der Grundrechte nicht nur bedeutet ›Jedem das Gleiche‹, sondern im Blick auf individuelle Bedürfnisse auch ›Jedem das Seine!‹. Mit den konkreten Veranlagungen und Neigungen sind konkrete Bedürfnisse gegeben, denen es gerecht zu werden gilt. So sprechen wir etwa von einer behindertengerechten Einrichtung oder einer kindgerechten Sprache. Erst durch diese Rücksichtnahme auf das Notwendige, so die Überzeugung Benedikts, werden alle Glieder der Gemeinschaft in Frieden sein (vgl. RB 34,5). Es lohnt sich daher um des Friedens willen, sich mit Bernhard zu fragen: Was ist überflüssig? Was ist notwendig?

Montag:	Was ist notwendig – was ist überflüssig?
Dienstag:	Wie kann ich dabei eine gute Balance finden?
Mittwoch:	Welche Bedürfnisse habe ich?
Donnerstag:	Mit welchen Begierden habe ich zu kämpfen?
Freitag:	Wem muss ich gerecht werden?
Samstag:	Wo wird Überfluss übertrieben?
SONNTAG:	Heute schaue ich in meinen Kleiderschrank und überlege mir, welche Kleidung notwendig ist.

16. WOCHE:

Wie finde ich die Balance zwischen Zuviel und Zuwenig?

Ein Teil der Gerechtigkeit besteht nämlich, wie man sagt, darin, niemandem etwas zuzufügen, was man selber nicht erleiden will, ihre Vollendung aber in dem, was der Herr sagt: »Alles, was ihr von den anderen erhalten wollt, das tut auch ihnen!« (Mt 7,12). Deshalb kann keine dieser beiden Forderungen verwirklicht werden, wenn nicht der Wille, nach dem sich die Gerechtigkeit ganz ausrichtet, so geordnet ist, dass er nichts Überflüssiges erstrebt und nichts Notwendiges aus übertriebener Frömmigkeit ablehnt. Gerade darin aber liegt die Mäßigkeit. Schließlich gibt die Mäßigkeit auch das Maß für die Gerechtigkeit selbst an, damit diese überhaupt gerecht ist. (...)
Wie können jedoch diese beiden Tugenden ohne Tapferkeit geübt werden? Es gehört nämlich innere Kraft, viel innere Kraft dazu, sein Wollen und Nichtwollen auf dem engen Pfad zwischen dem Zuviel und dem Zuwenig festzuhalten, sodass der Wille mit jenem knappen, reinen, einzigen, sich treu bleibenden, völlig in sich ausgeglichenen und nach allen Seiten hin abgerundeten Mittelmaß zufrieden ist, das bekanntlich allein der Tugend entspricht.
Somit gehört zur Gerechtigkeit das Suchen, zur Klugheit das Finden, das Erobern zur Tapferkeit, zur Mäßigkeit aber das Besitzen. (651ff.)

Balance ist nicht nur ein physikalischer Begriff, um einen Zustand der Ausgewogenheit zu beschreiben, sondern wird sowohl in der Politik als auch in der Wirtschaft verwendet. Hier geht es darum, einen Ausgleich zwischen unterschiedlich wirkenden Kräften herzustellen. Dabei leitet sich das Wort vom lateinischen ›bi lanx‹ – ›zwei Schalen‹ ab, was wiederum an eine Waage erinnert und damit an die Tugend der Gerechtigkeit.

Es ist gar nicht so einfach, beispielsweise auf einem Seil oder Baumstamm die Balance zu halten. Einerseits ist es wichtig, sich aus der inneren Mitte, dem Körperschwerpunkt heraus zu bewegen. Um nicht abzustürzen, gilt es andererseits, mithilfe ausgebreiteter Arme das Gleichgewicht zu halten.

Wenn wir vom Drahtseilakt oder von der Gratwanderung sprechen, dann beschreiben wir Prozesse, in denen es nur schwer gelingt, die Balance zu finden.

Folgerichtig spricht auch Bernhard vom engen Pfad zwischen dem Zuviel und dem Zuwenig. Wiederum erinnert dies an Benedikts Lehre vom rechten Maß, der ›discretio‹. Als ›Mutter aller Tugenden‹ legt sie der Mönchsvater besonders dem Abt ans Herz, wenn er schreibt: »So halte er in allem Maß, damit die Starken finden, wonach sie verlangen, und die Schwachen nicht davonlaufen« (RB 64,19).

Das rechte Maß, von dem Benedikt in seiner Regel häufig spricht, nennt Bernhard Mäßigkeit. Sie braucht es, um Gerechtigkeit herzustellen, sodass sowohl das Zuwenig als auch das Zuviel vermieden wird. Dabei ist für jeden Verantwortungsträger die ›Goldene Regel‹ eine unverzichtbare Richtschnur: »Alles, was ihr von den anderen erhalten wollt, das tut auch ihnen« (Mt 7,12). Sie hilft, den Horizont zu weiten, sodass wir nicht nur die eigenen Bedürfnisse im Blick haben. Im Blick auf das Gegenüber kann sowohl das ›Zu-wenig‹, als auch das ›Zu-viel‹ ausgelotet werden.

Montag:	Wie finde ich die Balance zwischen einem Zuviel und einem Zuwenig?
Dienstag:	Halte ich mich an die Goldene Regel?
Mittwoch:	Wie bilanziere ich?
Donnerstag:	Bewege ich mich aus der inneren Mitte?
Freitag:	Suche ich den Ausgleich der Kräfte?
Samstag:	Wo schlage ich über die Stränge?
SONNTAG:	Heute esse ich nicht zu viel und nicht zu wenig.

17. WOCHE:

Wer ist für mich ein gutes Vorbild?

Doch was willst du tun? Wenn du dich plötzlich ganz dieser Philosophie zuwenden wolltest, was bei deinen Vorgängern nicht üblich war, würdest du den Unwillen gar vieler erregen, wie einer, der auf einmal die Fußstapfen seiner Väter verlassen hat. Es würde so aussehen, als wolltest du durch dein Tun deine Vorgänger verhöhnen. (...) Nein, du kannst weder alle ihre Fehler gemeinsam und gleichzeitig verbessern noch alle Auswüchse zurechtbiegen. Das wird gelingen, wenn dir die nötige Zeit gegeben wird, dich entsprechend der dir von Gott verliehenen Weisheit allmählich und auf geeignete Weise darum zu bemühen. Inzwischen nütze das von anderen verschuldete Übel zum Guten, soweit es nur möglich ist. Wenn wir uns indes an das Beispiel der guten römischen Oberhirten – nicht unbedingt der letzten – halten wollen, so hat es auch solche gegeben, die sogar in der größten Unrast Zeiten der Rast für sich fanden. Die Stadt war von der Belagerung und der Nacken der Bürger vom Schwert der Barbaren bedroht. Hat das etwa den seligen Papst Gregor abgeschreckt, in Stunden der Rast seine Weisheit niederzuschreiben? Gerade zu dieser Zeit hat er nämlich, wie wir aus seiner Vorrede erkennen können, den schwierigsten und letzten Teil des Buches Ezechiel sorgfältig und kunstfertig ausgelegt. (655)

Zahlreiche Unternehmen und Einrichtungen haben sich mit viel Mühe und Kraftaufwand Leitbilder gegeben, um ihre Unternehmenskultur ins Wort zu bringen. Freilich nutzen die schönsten Leitbilder oder Unternehmensphilosophien nichts, wenn sie nicht gelebt und eingefordert werden. Vorbilder, an denen wir unser Handeln ausrichten können, sind daher nach wie vor unverzichtbar. An ihnen bildet sich eine Unternehmenskultur aus und ab.

Bernhard erinnert an Papst Gregor den Großen, der Eugen als Leitfigur und Vorbild dienen soll. Dabei verdeutlicht er Eugen zunächst, dass er auf eine lange Geschichte mit ihren Licht- und Schattenseiten aufbaut. So gab es in der Vergangenheit Auswüchse, Fehlentscheidungen, Halbherzigkeit ebenso wie Engagement, Ausdauer und richtungsweisende Entscheidungen.

Eugens Aufgabe als Papst ist es, diese Geschichte, soweit es ihm möglich ist, gut fortzusetzen. Ein radikaler Neuanfang, ein radikaler Schnitt wäre vielleicht der einfachere Weg zur Reform, aber im Blick auf die hohe Verantwortung des Papstes ist dieser nicht möglich. Daher empfiehlt Bernhard mit der nötigen Gelassenheit, Schritt für Schritt an die Probleme und Herausforderungen heranzugehen.

Wie Papst Gregor der Große, so soll sich auch Eugen in aller Unrast Haltepunkte der Muße zugestehen. Selbst in äußersten Bedrohungen hat sich dieser bedeutende Kirchenmann nicht ausschließlich dem ›Krisenmanagement‹ hingegeben, sondern sich Zeiten für das Studium und das Schreiben gegönnt. ›Sorgfältig‹ und ›kunstfertig‹ habe Gregor das Buch Ezechiel ausgelegt, so lautet der Hinweis Bernhards. Auch darin soll Papst Gregor für Eugen Vorbild sein.

Sorgfältig meint, dass sich Gregor Zeit zum Studium nahm, wovon er letztlich selbst profitierte. Im Hinweis ›kunstfertig‹ schwingt die Liebe zum Schönen mit, sodass etwas nicht einfach nur gesagt ist oder hingeschrieben, sondern ansprechend und einladend formuliert wird.

Indem Gregor seine Weisheit niederschreibt, sieht er nicht nur die kurzfristigen Probleme, sondern wird seiner Verantwortung langfristig gerecht, da wir bis heute von seinen Schriften profitieren.

Am Vorbild Gregors will Bernhard letztlich Eugen von seinem Verantwortungsdruck entlasten und ihm sagen: »Wenn der Papst etwas für sich tut, dann tut er dies gleichzeitig für alle, die ihm anvertraut sind, und wird so zum Vorbild für Nachfolgende!«

Montag:	Wer ist für mich ein gutes Vorbild?
Dienstag:	Was haben mir meine Vorgänger hinterlassen?
Mittwoch:	Bin ich mir bewusst, dass ich in einer Geschichte mit Licht und Schatten lebe?
Donnerstag:	Bewahre ich in allen Krisen die nötige Ruhe?
Freitag:	Schaffe ich etwas Bleibendes für nachfolgende Generationen?
Samstag:	Was ist mir in aller Unrast Rast?
SONNTAG:	Heute frage ich einen nahestehenden Menschen, wer ihm Vorbild war und ist.

18. WOCHE:

Träume ich von der guten alten Zeit?

Doch zugegeben: Andere Sitten haben sich eingebürgert, die Tage und die Gewohnheiten der Menschen haben sich geändert, und gefahrenvolle Zeitverhältnisse stehen uns nicht mehr bevor, sondern bestehen bereits. Betrug, Tücke und Gewalt haben sich auf der Erde breitgemacht. Verleumder gibt es viele, doch wenige Verteidiger; überall unterdrücken die Größeren die Geringeren; wir können die Bedrängten nicht im Stich lassen ...
Du wirst gewiss ein beträchtliches Maß an freier Zeit für die Besinnung gewinnen, wenn du, wie ich gesagt habe, manche Angelegenheiten erst gar nicht anhörst, manche an andere delegierst und auch die, die du als deiner Aufmerksamkeit würdig erachtest, in gewissenhafter und dem Fall angepasster Kürze erledigst. (657ff.)

Manchmal schwärmen wir in nostalgischer Rückschau von der ›guten alten Zeit‹ und verklären dabei die Vergangenheit nach dem Motto: Früher war alles besser. Damit reden wir die Gegenwart schlecht, ohne ihre Herausforderungen und Chancen realistisch zu analysieren. Wahrscheinlich gibt es die gute alte Zeit nicht, in der alles besser war. Das Einzige, was beständig ist, ist der Wandel und die Veränderung.

Jede Zeit hat ihre eigenen Herausforderungen, davon ist Bernhard überzeugt. Realistisch, vielleicht auch ein wenig zu pessimistisch beschreibt er seine Zeit. Dabei erinnert er Eugen an seine Verantwortung besonders für die Bedrängten und die Schwachen, die keine Lobby haben. Ihnen soll der Papst mit besonderer Aufmerksamkeit begegnen. Sie haben Priorität, denn das Auftreten der Reichen, so schreibt Benedikt, verschafft sich schon von selbst Beachtung (vgl. RB 53,15).

Um Überforderung zu vermeiden, empfiehlt Bernhard die Delegation als Führungsinstrument. Ebenso fordert er, um Zeit zu gewinnen, auf Kürze zu achten. Dies gilt sowohl für die Berichterstattung als auch für die Themenbehandlung. Selbstredend kann dies zur Folge haben, dass dadurch manche Informationen nicht mehr zum Papst gelangen. Ebenso kann es geschehen, dass Menschen enttäuscht sind, weil ihnen zu wenig Aufmerksamkeit geschenkt wird. Schnell könnte dadurch der Papst in der allgemeinen Meinung als unnahbar, arrogant, unerreichbar, weltfremd usw. abgestempelt werden. All das muss bei Delegation und Prägnanz in Kauf genommen werden.

In den Ausführungen Bernhards ist spürbar, dass er keine Patentrezepte anbieten kann, sondern Realist ist. Es sind gefahrenvolle Zeitverhältnisse. So besteht immer die Gefahr, auch falsche Entscheidungen zu treffen. Auch in diesem Zusammenhang gilt, was Benedikt dem Abt empfiehlt: »Er sei nicht stürmisch und nicht ängstlich, nicht maßlos und nicht engstirnig, nicht eifersüchtig und allzu argwöhnisch, sonst kommt er nie zur Ruhe« (RB 64,16).

Montag:	Träume ich von der guten alten Zeit?
Dienstag:	Welche Herausforderungen und Chancen entdecke ich in unserer Zeit?
Mittwoch:	Was erscheint mir gefährlich?
Donnerstag:	Wo werden Geringere unterdrückt?
Freitag:	Bin ich für Schwache ein Lobbyist?
Samstag:	Achte ich auf Kürze und Prägnanz oder schweife ich unnötig aus?
SONNTAG:	Heute überlege ich mir, wen ich in der kommenden Woche mit einem Kompliment erfreuen könnte.

Wie trage ich Verantwortung für mich selbst?

19. WOCHE:

Kenne ich mich selbst?

Um aber aus der Besinnung Nutzen zu ziehen, rate ich dir vier Themen an, wie sie sich ergeben: dich (selbst), was unter dir, was rund um dich und was über dir ist. Bei dir setze mit deiner Besinnung an, damit du dich nicht nutzlos mit anderem beschäftigst und dich selber vernachlässigst. Was nützt es dir, wenn du die ganze Welt gewinnst, dich allein jedoch verlierst? Wenn du auch weise sein magst: dir fehlt ein Stück davon, falls du es nicht auch dir gegenüber bist. Um wie viel? Meiner Meinung nach: alles.

Magst du auch alle Geheimnisse kennen, die Breite der Erde, die Höhe des Himmels und die Tiefe des Meeres wissen, wenn du dich selber nicht kennst, wirst du wie ein Mann sein, der ohne Fundament baut und damit eine Ruine, kein Bauwerk, aufrichtet. Was immer du außerhalb von dir errichtest, wird wie ein Haufen Sand sein, der vom Wind verweht wird. Es ist also keiner weise, der es sich selbst gegenüber nicht ist. Ein Weiser wird für sich weise sein und selbst als Erster vom Wasser seiner eigenen Zisterne trinken.

Bei dir selbst muss also deine Besinnung beginnen – und nicht nur das, sie muss auch in dir ihren Abschluss finden. Wohin du in deiner Besinnung auch umherschweifst, rufe sie mit heilbringenden Früchten zu dir zurück. Du stehst für dich an erster Stelle, du an letzter. (669)

»Selbsterkenntnis ist der erste Weg zur Besserung«, so lautet ein Sprichwort. Freilich ist dieser erste Schritt kein einfacher, denn sich selbst kennenzulernen ist ein lebenslanger Lernprozess. Dabei unterliegen wir Veränderungen und Entwicklungen. Manchmal machen wir uns selbst etwas vor, sodass es zur Selbsttäuschung kommt. Auch ist es viel einfacher, anderes in den Blick zu nehmen wie zum Beispiel die Firma, die Marktanalyse, die Börsenkurse, die politischen Umstände oder die Qualitätskennzahlen.

Für Bernhard beginnt jede Reform bei sich selbst. Konsequent lebt er dies seinen Mitbrüdern vor, indem er die Regel Benedikts gerade auch mit ihrer Härte strikt einhält. Doch scheint es, dass auch Bernhard bisweilen die Zeit zur ehrlichen Selbstreflexion fehlte und er sich hintanstellte. So sind seine Anfragen an Eugen auch selbstkritisch zu verstehen.

Wenn Bernhard den Papst ermahnt, dass er der Erste und der Letzte beim Prozess der Besinnung sein muss, will er ihm bewusst machen, welch hohe Verantwortung er für andere, aber auch für sich selbst trägt.

Eine gesunde Selbstliebe, die nicht mit Narzissmus zu verwechseln ist, ist somit Voraussetzung, dass ich mich und die anderen nicht aus dem Blick verliere. Im Bild gesprochen bedeutet dies: Ein erfahrener Bauherr wird seine Baustellen mit allem, was dazugehört, regelmäßig inspizieren.

Freilich beinhaltet der Prozess der Selbsterkenntnis einiges: die Herkunft, das Elternhaus, der schulische und berufliche Werdegang, das Umfeld wie Partner, Geschwister, Freunde, die Stärken und Schwächen, die Neigungen und Begabungen.

Bernhard spart daher keinen Bereich aus, wenn er den Blick in alle Richtungen wendet und Eugen empfiehlt, auf sich selbst, aber auch auf alle, die unter, neben und über ihm sind, zu achten.

Montag:	Kenne ich mich selbst?
Dienstag:	Welche Fundamente tragen mich?
Mittwoch:	Beginnt jede Reform bei mir und endet auch wieder dort?
Donnerstag:	Was ist aufbauend – was ist ruinös?
Freitag:	Gibt es Ruinen in meinem Leben?
Samstag:	Wann komme ich zur Besinnung?
SONNTAG:	Heute zeichne ich einen Stammbaum und überlege mir, mit wem von meiner Familie ich mich besonders gut verstehe.

20. WOCHE:

Was bin ich?

Diese Selbstbesinnung lässt sich in drei Teile gliedern, wenn du erwägst, was du bist, wer du bist, wie du beschaffen bist; was du deiner Natur nach bist, wer als Person und wie in deinem sittlichen Leben. Was? Zum Beispiel: Mensch. Wer? Papst oder oberster Bischof. Wie? Gütig, milde oder Ähnliches.

Das Erforschen dieser ersten Frage ist zwar eher Sache der Philosophen als die der Nachfolger der Apostel, doch liegt ihr Sinn in der Begriffsbestimmung des Menschen, den man ein vernünftiges, sterbliches Lebewesen nennt. (...)

Wenn du dich nämlich auf beide Bestimmungen, vernunftbegabt und sterblich, gemeinsam besinnst, so erwächst dir daraus die Frucht, dass deine Sterblichkeit deine Vernunft demütigen, deine Vernunft aber dein sterbliches Leben aufrichten wird. Ein besonnener Mensch wird keine dieser beiden Eigenschaften übersehen. (671)

»Wie soll es ohne Sie weitergehen? Sie haben durch Ihr Engagement und Ihren Einsatz Unsterbliches geschaffen!«, so lautet bisweilen die anerkennende Feststellung, wenn ein verdienter Mitarbeiter, der gleichsam zu den Säulen des Unternehmens gehörte, aus dem beruflichen Leben ausscheidet. Unsterblichkeit und Unersetzbarkeit sind Sehnsüchte, die tief in unserem Inneren schlummern. Und doch wissen wir, dass alles sein Ende hat, dass mit der Zeit vieles vergessen wird und letztlich niemand unersetzlich ist. Und was wurde für die Ewigkeit geschaffen?

Nüchtern stellt daher Bernhard an den Beginn der Selbstreflexion dem Papst die Frage: »Was bist du?«, und beantwortet sie sogleich: Mensch! Diese nüchterne Feststellung bedeutet zweierlei.

Erstens ist damit unsere Endlichkeit und Begrenztheit angesprochen. Auch wenn die moderne Medizin zur Verlängerung unseres Lebens viel beitragen kann, bleibt unser Leben dennoch endlich. Immer wieder stoßen wir an unsere Grenzen. Wir müssen uns damit auseinandersetzen, dass am Ende des Lebens der Tod steht.

Im Blick auf die Sterblichkeit spricht Bernhard daher von der Tugend der Demut, die heute kaum richtig verstanden wird. Das lateinische Wort ›humilitas‹ enthält das Wort ›humus‹ – ›Erdboden‹. Der demütige Mensch weiß, dass er nicht absolut und perfekt ist. Er ist nicht Gott, sondern vom Erdboden geschaffen. Er versteht sich als Teil der Schöpfung und ist sich bewusst, dass er vergänglich und sterblich ist. ›Adam‹ heißt ja übersetzt ›Erdling‹.

Diese erdverbundene Bodenständigkeit, wie wir Demut umschreiben könnten, hindert uns daran, stolz und hochmütig zu werden. Wir sind keine unsterblichen Götter!

Noch ein Zweites benennt Bernhard in seiner Betrachtung. Menschsein bedeutet, ›vernunftbegabt‹ zu sein. Mithilfe der Vernunft können wir unser Leben gestalten, sodass wir im Unterschied zum Tier nicht ausschließlich von unseren Trieben oder Bedürfnissen geleitet werden. Wir wissen um unsere begrenzte Lebenszeit. Dieses Bewusstsein kann wiederum anspornen, so die Überzeugung Bernhards, sein Leben sinnvoll zu gestalten und seine Zeit verantwortungsvoll zu nutzen.

Montag:	Was bin ich?
Dienstag:	Kann ich die Begrenztheit anderer akzeptieren?
Mittwoch:	Kenne ich meine eigenen Grenzen?
Donnerstag:	Lasse ich mich mehr von meinen Begierden als von meiner Vernunft leiten?
Freitag:	Wie nutze ich meine begrenzte Lebenszeit vernünftig?
Samstag:	Bringe ich mich kreativ mit meinen Begabungen ein?
SONNTAG:	Heute mache ich etwas Kreatives.

21. WOCHE:

Wer bin ich?

Nun wende deine Aufmerksamkeit darauf, wer du bist und von wo aus du dazu geworden bist. (...) Du hast deine erste Berufung nicht vergessen, sie ist zwar deiner Hand entzogen worden, doch nicht aus deinem Geist und noch weniger aus deinem Herzen entschwunden. Sie bei jedem deiner Befehle, Urteile und Erlässe vor Augen zu haben, wird dir Nutzen bringen. Diese Besinnung macht dich inmitten der Ehren zum Verächter der Ehren, was etwas Großes ist. Lass sie nicht aus deinem Herzen weichen, sie ist dir Schild, besonders gegen jenen Pfeil: »Wenn der Mensch in Ehren steht, fehlt es ihm an Einsicht« (Ps 48,13). Sprich also zu dir selbst: »Ich war ein Geringer im Haus meines Gottes. Wie kam es nur, dass ich von einem armen und geringen Menschen zum Herrscher über Völker und Reiche erhoben wurde? Wer bin ich, was ist das Haus meines Vaters, dass ich auf dem höchsten Thron sitze? Er, der zu mir gesagt hat: »Freund, rück weiter hinauf!« (Lk 14,10), vertraut auf meine Freundschaft. Erweise ich sie ihm nicht in ausreichendem Maß, wird es gewiss Schaden bringen. Der mich erhoben hat, kann mich auch stürzen. Die Klage: »Durch die Erhöhung hast du mich zu Boden geschleudert« (Ps 101,11) käme dann zu spät. Hohe Würde schmeichelt nicht, wo die Sorge größer ist als sie. Jene achtet auf Abstand, diese erweist einen Freund. Machen wir uns für sie bereit, wenn wir nicht schließlich beschämt den untersten Platz einnehmen wollen! (671ff.)

›Karrieremachen‹ gehört zu den gesellschaftlichen Erwartungen unserer Zeit. Wem es gelingt, auf der Karriereleiter Sprosse für Sprosse aufzusteigen, der genießt zunehmend höheres Ansehen. Der Begriff ›Karriere‹ leitet sich vom lateinischen ›carraria‹ ab und bedeutet ursprünglich ›Fahrstraße, Rennbahn, Laufbahn‹.
Von außen betrachtet hat Eugen eine steile Karriere gemacht: Vom einfachen Mönch in Clairvaux, zum Abt von Tre Fontane und schließlich zum Papst und damit im damaligen Selbstverständnis zum Oberhaupt der Welt. Nur wenige Sprossen musste er erklimmen, sodass im Blick auf seinen Werdegang eher von einer Rennbahn als von einer Laufbahn zu sprechen ist. Damit Eugen nicht abhebt, erinnert ihn Bernhard an seine erste Berufung, an den mühsamen Beginn der Karriereleiter. Er soll als Papst Mönch bleiben! Er soll als oberster Chef Auszubildender bleiben! Er soll als CEO sich weiterhin als Angestellter betrachten! Eugen soll in der höchsten kirchlichen Würde ein ›Sorgender‹ bleiben. Insofern erscheint es Bernhard sinnvoll, dass der Papst stets den Beginn seiner Karriere vor Augen hat: das Elternhaus, die Schulen und Ausbildungsstätten, die Menschen, die ihn geprägt und gefördert haben, oder die ersten Gehversuche im klösterlichen Leben.
Geschwister, Freunde, Weggefährten sowie ehemalige Kollegen können dabei einen wichtigen Dienst leisten, wenn sie an Erfolge und Misserfolge erinnern und neben Glanzlichtern mit einer Prise Humor auch auf manche Dummheiten verweisen.
Ebenso sollte sich Eugen kritisch fragen, wie Karriere und Ansehen bei ihm zu Veränderungen geführt haben, ob er authentisch geblieben ist oder nicht? Wie wirken sich beispielsweise Ehrbe-

zeigungen aus? So kann es schmeichelnd sein, von allen im Unternehmen gegrüßt zu werden. So kann es das Selbstwertgefühl ungut steigern, wenn man über Privilegien wie beispielsweise einen reservierten Parkplatz verfügt oder nicht mehr in der Kantine anstehen muss.

Hier spricht Bernhard aus eigener Erfahrung. Wiederholt wurden ihm hohe Ehrungen angetragen und bedeutende Bischofssitze angeboten. Bernhard lehnte stets ab. Die Mitra zu seinen Füßen, wie er bisweilen in der Kunst dargestellt wird, erinnert daran.

Auch kennt Bernhard den bitteren Misserfolg. Zunächst wurde er als Kreuzzugsprediger im ganzen Reich begeistert gefeiert. Nach dem Scheitern der Kreuzzüge musste der Abt von Clairvaux selbst erfahren, wie abhängig er von der öffentlichen Meinung ist und wie rasch man von der Karriereleiter hinunterstürzen kann. Macht, Ansehen und Ehre verblassen dabei schnell. All das schwingt mit, wenn er Eugen sorgenvoll an dessen erste Berufung erinnert und ihm gleichsam seine Herkunft als tragendes Fundament in Erinnerung ruft.

Montag:	Wie war mein persönlicher Werdegang?
Dienstag:	Wie hat meine berufliche Laufbahn begonnen?
Mittwoch:	Wie hat mich meine Karriere verändert?
Donnerstag:	Was habe ich in meiner Erinnerung verdrängt?
Freitag:	Welche Misserfolge – welches Scheitern war mir auferlegt?
Samstag:	Wie gehe ich mit Ehrbezeigungen um?
SONNTAG:	Heute verabrede ich mich mit einem alten Freund.

22. WOCHE:

Wie verstehe ich meine Aufgabe?

Wir können nicht verbergen, dass du zum Vorsteher bestellt wurdest, doch müssen wir vor allem darauf achten, wozu es geschah. Ich glaube nicht zum Herrschen. Denn auch der Prophet bekam, als er in ähnlicher Weise erhoben wurde, zu hören: »Du sollst ausreißen und niederreißen, vernichten und einreißen, aufbauen und einpflanzen« (Jer 1,10). Welcher dieser Ausdrücke klingt nach Herrscherdünkel? Die geistliche Mühe ist hier mit Begriffen gekennzeichnet, die eher nach Bauernschweiß riechen. So sollten auch wir, soviel wir auch von unserer Aufgabe halten, in ihr einen Dienst sehen, der uns auferlegt, nicht eine Herrschaft, die uns übertragen wurde. (...)

Lerne am Beispiel der Propheten, wie man vorsteht: nicht so sehr, um Anordnungen zu erlassen, als um Taten zu setzen, wie sie die Zeit erfordert. Lerne, dass du, um Prophetenarbeit zu leisten, eine Hacke und kein Zepter brauchst. Auch der Prophet ist nicht emporgestiegen, um zu herrschen, sondern um zu jäten. Glaubst du nicht, dass auch du noch etwas zu arbeiten findest im Acker deines Herrn? Sehr viel sogar! Die Propheten konnten nicht alles säubern, sie haben einiges an Arbeit ihren Söhnen, den Aposteln, überlassen und diese, deine Väter, dir. Doch auch du wirst nicht alles bewältigen.

Manches wirst du sicher deinem Nachfolger hinterlassen, und dieser wieder dem Seinigen und so weiter bis zum Ende. (673ff.)

»Sie sind innovativ und haben neue Ideen? – Dann sind Sie bei uns genau richtig!« So ist häufig in Stellenanzeigen zu lesen. ›Innovativ‹ ist in der Wirtschaft eines der bestimmenden Schlagwörter. Schließlich geht es darum, immer wieder neue Bedürfnisse zu wecken und diese mit innovativen Produkten zu befriedigen.

Im Blick auf das Innenleben eines Unternehmens ist es oft gar nicht so einfach, Erneuerungen umzusetzen, wenn es beispielsweise darum geht, bestehende und eingefahrene Strukturen zu ändern.

Die Erfahrung, dass jede Reform einen langen Atem braucht und den Einsatz aller Kräfte fordert, hat Bernhard selbst gemacht. Sein umfangreiches Reformprogramm konnte nur gelingen, indem er sich selbst an dessen Spitze stellte. Immer wieder musste er seine Autorität einsetzen, indem er andere Klöster besuchte, Missstände benannte, bei Veränderungen selbst Hand anlegte und kontrollierte, ob die Erneuerungsvorschläge auch umgesetzt wurden.

Wirklich ›innovativ sein‹ bedeutet kontinuierliche Anstrengung, bleibenden Ärger, beständige Sorge sowie hartnäckiges Dranbleiben.

Nicht von ungefähr spricht Bernhard daher vom »Bauernschweiß«, der nötig ist, um einen verwilderten Garten oder Weinberg wieder in Ordnung zu bringen. Unweigerlich kommen einem dabei die Rodungsarbeiten der Zisterzienser in den Sinn, wenn sie durch ihrer Hände Arbeit Sümpfe trockenlegten, Wälder abholzten und Wildnisse kultivierten.

Grundlegende Reformen und umgreifende Innovationen sind, wenn sie gelingen sollen, Chefsache. Wenn dieser nicht als gutes Vorbild vorangeht, indem er selbst Hand anlegt und sich für die Erneuerung tatkräftig einsetzt, bleibt von jedem Reformvorsatz am Ende nur ein vorläufig innovatives Programm.

Montag:	Wie verstehe ich mich in meiner Aufgabe?
Dienstag:	Erlasse ich Anordnungen oder setze ich Taten?
Mittwoch:	Bin ich bereit, mühsame Arbeiten auf mich zu nehmen?
Donnerstag:	Was habe ich von meinen Vorgängern geerbt?
Freitag:	Was hinterlasse ich meinen Nachfolgern?
Samstag:	Welche Innovationen und Reformen braucht es?
SONNTAG:	Heute gehe ich in die Natur.

23. WOCHE:

Wahre ich den Überblick?

Noch viel weniger darf man dich durch Vergnügungen verweichlicht oder in Prunk erschlafft antreffen! Nichts Derartiges wird in dem dir übertragenen Vermächtnis verlangt. Schmeichelt dir der Stuhl Petri? Er ist eine Warte. Von dort aus führst du ja die Oberaufsicht. Dabei wirst du in der Bezeichnung Bischof nicht auf das Herrschen, sondern auf das Dienen verwiesen. Warum sollst du deinen Platz nicht in der Höhe haben, von wo aus du alles überblickst, da du doch als Wächter über alles gesetzt bist? Dieser Posten fördert die Wachsamkeit, nicht den Müßiggang. (...)

»Silber und Gold besitze ich nicht« (Apg 3,6). Solltest du es haben, so verwende es nicht deiner Laune, sondern dem Bedürfnis der Zeit entsprechend. Die Güter selbst sind freilich, was das Heil der Seele betrifft, weder gut noch schlecht, sondern der rechte Gebrauch ist gut, der Missbrauch aber schlecht. (675)

Wer durch Spekulationen an den Börsen Gewinne erzielen möchte, braucht dazu eine wache Beobachtungsgabe. Aufmerksam gilt es, die Veränderungen auf den Märkten im Blick zu haben und diese entsprechend einzuschätzen, um zum richtigen Zeitpunkt durch Verkauf oder Ankauf Gewinne zu erzielen. Nachlässigkeit und Leichtsinn dagegen können zu Fehlspekulationen führen und hohe Verluste zur Folge haben, wie die Finanzmarktkrise der letzten Jahre uns gezeigt hat.
Der Begriff ›Spekulation‹ leitet sich vom lateinischen ›speculari‹ ab, was ›spähen, auskundschaften, überwachen, erforschen‹ und ›beobachten‹ meint.
Wenn nun Bernhard den Stuhl Petri mit einer ›specula‹ – ›Warte‹ vergleicht und in diesem Zusammenhang von der ›Ober-Aufsicht‹ spricht, dann wird deutlich, dass es Aufgabe des Papstes ist, wie ein ›Späher‹ wachsam sein Umfeld zu beobachten.
Aus diesem Grund verdammt Bernhard alles, was von der Aufsicht ablenken könnte, wie Vergnügungen und Prunksucht. Hier spielt er selbstredend auf die Missstände der Kirche seiner Zeit an und doch stimmt es nachdenklich, wenn wir die Krisen unserer Tage analysieren. Ebenso rechnet Bernhard mit menschlichen Schwächen. Die gehobene Stellung, in der Menschen zu einem aufschauen, kann schmeicheln und täuschen. Sie kann dazu führen, dass man sich auf seinem Posten ausruht und es sich einfach einmal gut gehen lässt. Bei diesem ›Projekt des angenehmen Lebens‹ kann sich schleichend eine Unkultur des Wegschauens entwickeln. Um sich nicht zusätzlich belastende Probleme zu schaffen, verschließt man besser die Augen vor Missständen. Ein erhöhter Posten kann dazu motivieren, so manches im wahrsten Sinn des Wortes zu ›über-sehen‹, sodass mit der Zeit der kritische Überblick verloren geht.
Die Mahnungen Bernhards haben nichts an Aktualität verloren, wenn wir beispielsweise an die Missbrauchskrise in der Kirche

oder an die Banken- und Wirtschaftskrise der letzten Jahre denken. Zum einen waren es leichtsinnige und nachlässige Fehlspekulationen, die in die Misere führten. Zum anderen kamen Gremien ihrer Aufsichtspflicht nicht nach. Die Folgen sind für Kirche und Gesellschaft bekanntermaßen katastrophal.

Montag:	Wahre ich über meine Aufgabenfelder den Überblick?
Dienstag:	Was muss ich alles beaufsichtigen?
Mittwoch:	Wovor verschließe ich bewusst die Augen?
Donnerstag:	Was schmeichelt mir?
Freitag:	Wie gehe ich mit Vergnügungen und Prunk um?
Samstag:	Wie gebrauche ich meine Macht?
SONNTAG:	Heute nehme ich mir Zeit zum Mittagsschlaf, um meine Augen zu entspannen.

24. WOCHE:

Nehme ich meine Verantwortung wahr?

Geh hinaus auf den Acker deines Herren und betrachte, wie er aufgrund des alten Fluches auch heute mit Disteln und Dornen verwildert ist. Geh hinaus in die Welt, sage ich, der Acker ist nämlich die Welt, und diese ist dir anvertraut. Geh in sie hinaus nicht wie ein Herr, sondern wie ein Verwalter, nimm alles in Augenschein und in deine Obhut, worüber du wirst Rechenschaft ablegen müssen. Geh hinaus, möchte ich dir sagen, mit den Schritten deiner wachsamen Sorge und sorgsamen Wachsamkeit. Denn selbst jene, denen befohlen wurde, in die ganze Welt zu gehen, haben den Erdkreis nicht in leiblicher Anwesenheit durchmessen, sondern mit der Aufmerksamkeit des Geistes. Blicke auch du mit den Augen deiner Besinnung auf und sieh, ob die Felder nicht eher ausgedörrt sind für das Feuer als weiß für die Ernte. Wie vieles, was du für Feldfrüchte gehalten hattest, wird sich bei genauerer Betrachtung als Dorngestrüpp erweisen? Ja, nicht einmal als Dorngestrüpp: Es sind alte und ausgelaugte Bäume, die bestimmt keine Früchte tragen außer vielleicht Eicheln und Futterschoten, wie sie die Schweine fressen. Wie lange verbrauchen sie noch den Boden?

Wenn du hinausgehst und das alles siehst, wirst du dich

da nicht schämen, die Axt müßig liegen zu lassen? Wirst du dich da nicht schämen, die Sichel der Apostel umsonst empfangen zu haben?
(...) Geh also ans Werk, sei überzeugt, dass die Zeit der Beschneidung da ist, wenn ihr nur die des Nachdenkens vorausgegangen ist. Wenn du dein Herz in Bewegung gesetzt hast, musst du jetzt die Zunge bewegen, musst du jetzt die Hand bewegen! (...)
Dieses Vorsteheramt ist nichts Geringes. Es bedeutet, die wilden Tiere aus dem Lande auszurotten, wohin deine Herden in Sicherheit zur Weide geführt werden sollen. Du sollst die Wölfe bezwingen, doch nicht Zwingherr über die Schafe sein. Du hast sie ja in deine Obhut genommen, damit sie weiden, nicht damit sie Unterdrückung leiden. Wenn du dich gründlich darauf besonnen hast, wer du bist, wird es dir klar sein, so handeln zu müssen. Weißt du es jedoch, handelst aber nicht danach, so sündigst du. (679ff.)

›Verantwortung‹ ist ein Schlüsselbegriff unserer Zeit. Während von ›Pflichten‹ oder ›Rechenschaft‹ eher ungern gesprochen wird, wird häufig an das Verantwortungsbewusstsein appelliert. Unternehmen verpflichten sich zur ›Corporate Social Responsibility‹, das heißt zur ›Unternehmerischen Gesellschaftsverantwortung‹. Führungskräfte werden als Verantwortungsträger bezeichnet. Mitarbeiter werden in die Mitverantwortung genommen.

Vom Mittelhochdeutschen ›verantwürten‹ meint Verantwortung ursprünglich ›sich als Angeklagter vor Gericht zu verteidigen‹. Verantwortung hat somit zutiefst mit ›Rechenschaft‹ und ›Verpflichtung‹ zu tun.

Bernhard spricht zwar nicht von Verantwortung, das klassische Latein kennt dafür keinen direkten Begriff, sondern von der Welt, die Eugen als Papst anvertraut ist. Im Lateinischen heißt es ›creditus tibi‹. Dieses Vertrauen, dieser Kredit verpflichtet Eugen, Verantwortung zu übernehmen, indem er die Sichel und die Axt in die Hand nimmt. Ansonsten besteht die Gefahr, dass ein Machtvakuum entsteht, sodass andere die Macht an sich ziehen und die vermeintlich herrenlosen Werkzeuge zu ihrem Vorteil missbrauchen.

Bernhard mahnt zu Realismus. Weder grenzenloser Optimismus, der alles schönredet, noch depressiver Pessimismus, der Weltuntergangsstimmung verbreitet, ist angesagt. Mit nüchternem Realismus soll Eugen alles in Augenschein und in seine Obhut nehmen.

Bernhard empfiehlt dabei die Gabe der Unterscheidung zwischen Dorngestrüpp, das es auszumerzen, und reifen Feldfrüchten, die es zu ernten gilt.

So gehören Axt und Sichel als Werkzeuge gleichermaßen zusammen. Es steht in Eugens Verantwortung, sie richtig anzuwenden, um einerseits zu fällen und andererseits zu ernten.

Dreimal fordert Bernhard den Papst auf: »Geh hinaus!« Dies ist eine eindringliche Mahnung, sich nicht ins eigene Schneckenhaus zurückzuziehen, sondern die Verantwortung anzunehmen. Eugen soll den Stab in die Hand nehmen, wie es Bernhard auch getan hat, indem er mit ihm wie ein Hirt alles Bedrohliche abwehrt und die ihm Anvertrauten in Obhut nimmt.

Montag:	Wie nehme ich meine Verantwortung wahr?
Dienstag:	Welche Werkzeuge sind mir in die Hand gelegt?
Mittwoch:	Habe ich eine realistische Sicht der Dinge?
Donnerstag:	Was braucht Bodenlockerung?
Freitag:	Was ist reif für die Ernte?
Samstag:	Kann ich für das mir anvertraute Land Rechenschaft ablegen?
SONNTAG:	Heute betrachte ich bewusst ein Feld, einen Acker, einen Wald, eine Landschaft.

25. WOCHE:

Habe ich ein waches Gewissen?

Ein Affe auf dem Dach – das ist ein törichter König auf seinem Thron! Doch höre nun mein Lied, das zwar nicht besonders lieblich, doch heilsam ist:
Welche Ungeheuerlichkeit ist die Verbindung von der obersten Stellung und der niedrigsten Einstellung, den höchsten Gewalten und dem schlechtesten Verhalten, einem Mund, der rege, und einer Hand, die träge, von Redesucht und keinerlei Furcht, strenger Miene und leichtfertigem Sinn, gewaltigem Ansehen und schwankendem Vorgehen.
Ich habe einen Spiegel gebracht. Ein schmutziges Antlitz kann sich darin erkennen, du aber freue dich, dass deines anders aussieht. Schau aber dennoch auch du hinein, ob es nicht neben manchen Zügen, in denen du dir zu Recht gefallen kannst, etwa auch andere gibt, die dein Missfallen erregen müssen. Ich möchte, dass du dich des Zeugnisses deines Gewissens rühmst, nicht weniger aber, dass du dich von ihm auch demütigen lässt. (685)

Welche ethischen Grundlagen prägen den Wirtschaftsalltag? Diese Frage stellt sich besonders im Blick auf die Ursachen der Finanzmarktkrise. Beim Streben nach Wertzuwachs ist die Wertebindung vielfach auf der Strecke geblieben. Die Folgen sind katastrophal.

Wiederum beweist sich, dass – langfristig und nachhaltig betrachtet – der gute Ruf eines Unternehmens und die Reputation seiner Führungskräfte wesentlich von einer gelebten Wertebindung abhängen. Gewinn und Gewissen schließen sich somit nicht aus, sondern gewissensgebundenes Gewinnstreben führt zu Stabilität und Glaubwürdigkeit, so die Erfahrung aus der jüngsten Krise.

Von daher ist die Mahnung Bernhards, dass im höchsten Amt der Kirche »Stellung« und »Einstellung« zusammenpassen müssen, brandaktuell. Er spricht von der Ungeheuerlichkeit. Im Lateinischen verwendet er den Begriff ›monstruosa‹. Wenn sich höchste Gewalt und gewissenloses Verhalten paaren, entsteht ein ›Monster‹ – ein ›Ungeheuer‹, das in seiner entstellten Gestalt und seiner Unberechenbarkeit Angst einjagt.

Ebenso erinnert Bernhard daran, dass sich eine Führungskraft unglaubwürdig macht, wenn beispielsweise große Reden über Ethik im Unternehmensalltag geschwungen werden, diese aber in der Praxis keine Relevanz haben. Reden und Tun müssen übereinstimmen, ansonsten macht sich der Papst wie ein Affe auf dem Dach lächerlich, so die Überzeugung Bernhards. Dies lässt sich auf jede andere Führungsposition übertragen, wenn etwa von Werten nur in Sonntagsreden gesprochen wird oder bei Vorstandsreden wohlformulierte Führungsleitsätze als ethisches Feigenblatt dienen.

Mit seinem ›heilsamen Lied‹ hält daher der Abt von Clairvaux dem Papst einen Spiegel vor, der ihm zur Gewissensbildung dienen soll. Kontinuierlich gilt es, sein Gewissen zu prüfen, sich ungeschminkt im Spiegel zu betrachten, festzustellen, was Gefallen, aber auch was Missfallen erregt. Die Gewissensbindung benötigt die Gewissensbildung. Wer verantwortungsbewusst handeln will, wird sein Verhalten im Gespräch mit Freunden und Bekannten reflektieren, sich mit Normen und Regeln auseinandersetzen und sich intensiv mit Ethik und Moral beschäftigen. Das Gewissen als inneres Gefühl für Recht und Unrecht hilft uns, weder zu einem »Monster« oder »Untier« zu mutieren, noch sich einem Affen gleich der Lächerlichkeit preiszugeben.

Montag:	Habe ich ein sensibles Gewissen?
Dienstag:	Achte ich darauf, dass Wort und Tat, Stellung und Einstellung übereinstimmen?
Mittwoch:	Bin ich ein Mensch großer Worte ohne große Taten?
Donnerstag:	Welche ethischen Normen verpflichten mich?
Freitag:	Kann ich mich ungeschminkt im Spiegel betrachten?
Samstag:	Wie bilde ich mein Gewissen?
SONNTAG:	Heute bitte ich einen nahestehenden Menschen um ein ehrliches Feedback.

26. WOCHE:

Wie gehe ich mit Fehlern um?

Deshalb sollst du dich, wie ich gesagt habe, selber kennen, damit du inmitten der Bedrängnisse, die nicht fehlen, die Befriedigung eines guten Gewissens hast. Noch mehr aber, damit dir klar ist, was dir fehlt. Denn wem mangelt nichts? Alles fehlt dem, der meint, dass ihm nichts fehlt. (...) Du gehörst nicht zu jenen, die Würden für Tugenden halten. Du hast die Tugend früher als die Würde kennengelernt! (...) Im Übrigen wünsche ich durchaus, dass du nach dem Höchsten strebst, nicht aber danach, dich als solchen einzuschätzen oder gern einschätzen zu lassen, bevor du es bist. Denn wie willst du noch vorankommen, wenn du dir schon gut genug vorkommst? Sei also weder träge beim Entdecken deiner Fehler, noch feige im Bekenntnis. (685)

»Jeder darf Fehler machen, nur nicht den einen, ihn zum Schaden des Unternehmens zu verbergen!«, so lautet die Handlungsmaxime eines großen deutschen Unternehmens. Selbstredend wollen wir Fehler vermeiden. Und doch kommen sie immer wieder vor, sodass es entlastend ist, wenn wir Fehler machen dürfen.

Der konstruktive Umgang mit Fehlern ist nicht einfach. Schließlich wird uns an Fehlern bewusst, dass wir weder perfekt noch vollkommen sind, sondern eben unsere Schwächen und Defizite haben. Dabei können Fehler schweren Schaden anrichten, für den wir uns zu verantworten haben. Das kann beschämen und dazu führen, dass wir Fehler verstecken und ihre Folgen am liebsten unter den Teppich kehren.

›Aus Fehlern lernen‹ ist dagegen ein Ansatz, mit menschlicher Unzulänglichkeit nüchtern zu rechnen. Dieser führt zu einer konstruktiven Fehlerkultur, denn Fehler gehören zum Menschsein.

Die nüchterne Feststellung Bernhards: »Alles fehlt dem, der meint, dass ihm nichts fehlt!« bringt den Sachverhalt treffend ins Wort. Auch der Papst darf Defizite haben und Fehler machen. Seine hohe Würde soll ihn nicht zu dem Fehler verleiten, sich das nicht einzugestehen. Daher mahnt Bernhard seinen Mitbruder, seine Defizite nicht mit der Würde des Amtes zu bemänteln, um sie darunter zu verstecken, sondern konstruktiv an diesen zu arbeiten. Nur durch die kritische Analyse von Erfolgen und Misserfolgen kommt Eugen voran.

So kann der Neuanfang, wenn wir aus Fehlern lernen, dem Fortschritt dienen und zur Verbesserung führen. Das ist gemeint, wenn Bernhard von der Tugend spricht, die sich ganz der Suche nach dem Guten verpflichtet fühlt. Das Arbeiten an einer konstruktiven Fehlerkultur ist Führungsaufgabe: »Erkenne sie und bekenne sie!« fordert Bernhard den Papst auf. Nur dann kann sich

Eugen an einem guten Gewissen erfreuen, das ihn trotz seiner Fehlerhaftigkeit entlastet.

Montag:	Wie gehe ich mit Fehlern um?
Dienstag:	Will ich perfekt sein?
Mittwoch:	Wem kann ich meine Fehler bekennen?
Donnerstag:	Wie gehe ich damit um, wenn ich auf Fehler angesprochen werde?
Freitag:	Wie gehe ich damit um, wenn andere Fehler machen?
Samstag:	Welche Fehler habe ich?
SONNTAG:	Heute überlege ich mir, über welche Missgeschicke der Vergangenheit ich jetzt lachen kann.

27. WOCHE:

Täusche ich mich selbst?

Wenn du dich darauf besinnst, was du bist, wirst du auf die Natur stoßen, der zufolge du Mensch bist, denn als Mensch bist du geboren. Auf die Frage, wer du bist, erhältst du zur Antwort die Bezeichnung einer Person: ein Bischof. Dazu wurdest du gemacht, du bist nicht als solcher geboren. Welche dieser beiden Kennzeichnungen gehört deiner Meinung nach mehr zu deinem reinen Sein, das, wozu du gemacht, oder das, als was du geboren wurdest? Doch sicher, als was du geboren wurdest! Deshalb rate ich dir, dich vor allem auf das zu besinnen, was du vor allem bist, nämlich der Mensch, als der du auch geboren wurdest.

Du musst deine Aufmerksamkeit aber neben der Frage, was du durch deine Geburt bist, auch der Frage zuwenden, in welchem Zustand du geboren wurdest, wenn du nicht um die Fruchtbarkeit und den Nutzen deiner Besinnung betrogen werden willst. (...) Oder kamst du schon mit der Mitra zur Welt? Warst du vielleicht schon mit funkelnden Edelsteinen geschmückt, in bunte Seide gehüllt, mit Federbüschen gekrönt oder mit Edelmetallen bedeckt? (...) Es ist eine heilsame Verknüpfung, wenn du beim Gedanken, dass du der oberste Bischof bist, auch darauf achtest, dass du in gleicher Weise elender Staub nicht nur warst, sondern bist. (691ff.)

»Du bist der geborene Chef!« Dieses Kompliment hört man dann, wenn man mit seinen Fähigkeiten und Charismen seine Führungsaufgabe perfekt ausfüllt. Selbstredend freut und schmeichelt solches Lob. Doch kann es zum Trugschluss führen, indem man selbstgefällig feststellt: »Es gibt keinen Besseren als mich!« Titel und Statussymbole können dieses Überzeugt-Sein von sich selbst noch bestärken, sodass die Schwächen und Defizite völlig aus dem Blick geraten.

Diese Gefahr sieht Bernhard. Bestimmt kennt er sie aus eigener Erfahrung, schließlich genoss er bei vielen Zeitgenossen hohe Anerkennung und wurde landauf, landab entsprechend hofiert. Mit eindrücklichen Worten und Bildern warnt er daher den Papst vor falschen Einbildungen, die ihn in die Irre führen könnten. Trotz prächtiger Kleidung und höchster Stellung soll Eugen nicht vergessen, dass er Mensch ist. Fast sarkastisch stellt Bernhard die Frage: »Kamst du schon mit der Mitra zur Welt?« Dies lässt sich in unsere Zeit übertragen: »Kamst du schon mit Dienstwagen, mit Büro in der Chefetage, mit Nadelstreifenanzug zur Welt?«

Wenn Bernhard den Papst eindringlich daran erinnert, dass er ›elender Staub‹ ist, dann erinnert er damit an das Ritual der Ascheauflegung zu Beginn der Fastenzeit: »Bedenke Mensch, dass du Staub bist und zum Staub zurückkehren wirst!«

Mit Bernhard gilt es daher, sowohl Statussymbole und Privilegien als auch Lob und Anerkennung kritisch zu hinterfragen. Selbstredend kann es ›geborene Führungskräfte‹ geben, doch letztlich sind unsere Begabungen nicht unser Verdienst, sondern Geschenke, die uns zur Entfaltung anvertraut wurden.

Montag: Täusche ich mich selbst?

Dienstag: Mit was schmücke ich mich?

Mittwoch: Lasse ich mich von Lob und Anerkennung, von Titel und Status in die Irre führen?

Donnerstag: Was verdecke ich durch Titel, Kleidung, Statussymbole usw.?

Freitag: Wie entstelle ich manchmal mein Menschsein?

Samstag: Was gilt es abzulegen und zu enttäuschen?

SONNTAG: Heute schreibe ich eine Liste meiner Talente und Begabungen.

28. WOCHE:

Wie finde ich zur Mitte?

Steh fest in dir! Lass dich nicht nach unten werfen, nicht nach oben ziehen, schweife nicht in allzu große Länge ab, zersplittere dich nicht in übertriebener Breite. Halte die Mitte, wenn du das Maß nicht verlieren willst! Die Mitte ist ein sicherer Ort. Die Mitte ist die Heimat des Maßes, und das Maß ist die Tugend! Jedes Verweilen außerhalb des Maßes gilt dem Weisen als Verbannung. Er hält sich daher nicht in der Ferne auf, weil sie sich jenseits des Maßes erstreckt, genauso wenig in der Breite, weil sie außerhalb liegt, auch nicht in der Höhe oder Tiefe, weil die eine oberhalb, die andere aber unterhalb ist. Im Übrigen führt die Länge gewöhnlich zu jähem Ende, die Breite zu Riss, die Höhe zum Sturz und die Tiefe zum Versinken. Ich sage es deutlicher, damit du nicht meinst, ich spreche von der Länge, Breite, Höhe und Tiefe, die wir nach der Aufforderung des Apostels zusammen mit allen Heiligen ermessen sollen. Das wird Gegenstand einer anderen Erörterung zu gegebener Zeit sein. Jetzt aber verstehe ich unter Länge das zu lange Leben, das sich der Mensch verspricht, unter Breite die überflüssigen Sorgen, auf die der Geist seine Aufmerksamkeit ausdehnt, unter Höhe, wenn er zu überheblich von sich denkt, und unter Tiefe, wenn er sich zu weit hinabsinken lässt. Wenn einer mit einer langen Lebenszeit rechnet, betritt er dann nicht

in Wirklichkeit den Weg zu einem bösen Ende, da er die Grenzen seines Lebens in seiner allzu weit vorauseilenden Sorge überschreitet? Daher kommt es, dass Menschen in der Gegenwart außerhalb ihrer selbst leben, sich aus dem Auge verlieren und durch nutzlose Sorgen in eine andere Zeit auswandern, die für sie ohne Bedeutung sein wird, ja überhaupt nie sein wird.
In gleicher Weise muss der Geist, der seine Aufmerksamkeit auf vieles ausdehnt, von zahllosen Sorgen gequält werden. Was man maßlos dehnt, wird nämlich dünn, und was allzu dünn wird, reißt schließlich. (693ff.)

Extremsportarten wie Fallschirmspringen, Free-Solo-Klettern, Klippenspringen, Wildwasserschwimmen, Tiefseetauchen usw. liegen derzeit absolut im Trend. Sie bringen die Sehnsucht vieler zum Ausdruck, von Zeit zu Zeit an Grenzen geführt zu werden, an denen sie lebensgefährliche Herausforderungen zu bewältigen haben. Das Bestehen von Risiken, so lautet die häufige Aussage von Extremsportlern, vermittelt ein gutes Gefühl und den Kick, die Grenzen noch weiter auszuloten: Wie tief kann ich mich, ohne den Fallschirm zu öffnen, fallen lassen? Wie hoch komme ich ohne Sauerstoff in der dünner werdenden Luft des Hochgebirges? Wird das Gummiband beim Bungee-Jumping die extreme Ausdehnung tragen, ohne zu zerreißen? Wie lang darf ich brauchen, um in rekordverdächtiger Zeit mit dem Mountainbike den Gipfel zu erklimmen?
Für Wissenschaftler steht fest: In allen Extremsportarten sind die Grenzen zur Sucht fließend. Wenn dauerhaft die gesunde Mitte verloren geht, wird sogar von Sportsucht gesprochen.
Das ist nichts Neues. Extreme sind auch in anderen Bereichen

lebensgefährlich. Mager- und Fresssucht, Alkohol-, Nikotin-, Medikamentenabhängigkeit und vieles mehr können ein Leben zerstören. Lebenszerstörende Wirkung haben auch politischer und religiöser Extremismus, wenn wir an die Terror- und Gewaltakte weltweit denken.

In einer pluralen Gesellschaft, die sich durch bunte Vielfalt und Unterschiedlichkeit auszeichnet, ist daher die Suche nach der gesunden Mitte entscheidend.

Die Mahnung Bernhards: »Halte die Mitte!« hat nichts an Aktualität verloren. Auch Eugen steht aufgrund der Fülle seiner Anforderungen in Gefahr, in Extreme abzugleiten und dadurch das rechte Maß zu verlieren. Wiederum spricht Bernhard aus eigener Erfahrung.

Die Mitte halten kann Eugen nur, wenn er fest in sich steht, wenn er also einen klaren Standpunkt hat. Diesen gilt es, immer wieder neu zu finden und zu bestimmen, indem der Papst die Extreme wie ein Pendel auslotet. Weder soll er in Arbeit versinken noch aufgrund seiner Stellung hochmütig werden. Er soll sich auch nicht zerreißen lassen von unterschiedlichen politischen und kirchlichen Strömungen seiner Zeit. Ebenso wichtig ist es, sich immer wieder zu entspannen, sodass die extreme Dehnung nicht zu einem Riss führt. Auch warnt Bernhard vor der Länge, die zu einem jähen Ende führen kann. Wie schnell kann alles vorbei sein, wenn zum Beispiel ein Arztbesuch zu lange hinausgeschoben wird. Die Warnung vor Extremen und der Rat: »Halte die Mitte!« ist brandaktuell.

Montag:	Wie finde ich zur Mitte?
Dienstag:	Suche ich Extreme?
Mittwoch:	Welche Extreme kenne ich?
Donnerstag:	Bin ich schon einmal abgestürzt?
Freitag:	Bin ich schon einmal versunken?
Samstag:	Wo drohe ich zu zerreißen?
SONNTAG:	Heute treibe ich Sport, zumindest gehe ich spazieren, um meinen Körper wieder ins Lot zu bringen.

29. WOCHE:

Wie habe ich mich im Lauf der Zeit verändert?

Wenn du dich besinnst, wie du bist, musst du dir freilich auch ins Gedächtnis rufen, wie du gewesen bist. Du musst das Spätere mit dem Früheren vergleichen: Hast du in der Tugend, Weisheit, Erkenntnis, Liebenswürdigkeit des Verhaltens Fortschritte oder – was nicht sein sollte – Rückschritte gemacht? Bis du geduldiger oder ungeduldiger als gewohnt, reizbarer oder milder, anspruchsvoller oder bescheidener, umgänglicher oder abweisender, entgegenkommender oder schwieriger, kleinmütiger oder großmütiger, zu zurückhaltend oder zu ausgelassen, gottesfürchtiger oder selbstsicherer als angemessen? Wie weit ist das Feld, das sich dir bei derartigen Betrachtungen auftut! (695)

Zum gängigen Qualitätsmanagement eines Unternehmens gehört die regelmäßige Durchführung von Audits. Wie ein Auto beim TÜV in festen Abständen auf seine Tauglichkeit überprüft wird, so werden auch in Unternehmen regelmäßig interne Revisionen durchgeführt. Um feststellen zu können, in welchen Bereichen im zurückliegenden Zeitraum Fortschritte oder Rückschritte gemacht wurden, werden Prozesse und Entwicklungen analysiert und bewertet.

Der Begriff ›audit‹ kommt aus dem Lateinischen und heißt ›er/sie/es hört‹. Auch lässt er sich mit ›Anhörung‹ übersetzen. Bei einem ›Audit‹ sollen alle Beteiligten unter bestimmten Qualitätskriterien angehört werden.

Bernhard fordert Eugen gleichsam zum persönlichen ›Audit‹ auf. Er soll überprüfen, wie er sich im Lauf der Zeit entwickelt hat, ob er in seinem Verhalten Fortschritte oder Rückschritte gemacht hat. Ganz konkret spricht dabei der Abt von Clairvaux bestimmte Kriterien an wie Geduld, Milde, Bescheidenheit, Entgegenkommen sowie Fortschritte in der Tugend und Liebenswürdigkeit.

Aus eigener Erfahrung weiß Bernhard, dass sich ein Mensch durch große Aufgaben auch zum Negativen verändern kann. Bei diesem persönlichen ›Audit‹ sind daher die Gegensatzpaare und Kriterien, die Bernhard benennt, hilfreich. Im Blick auf die Führungsverantwortung für andere ist es wichtig, besonders auf emotionale Veränderungen zu achten. Letztlich geht es Bernhard dabei um menschliche Qualitäten, die Eugen trotz seines Amtes nicht verlieren darf.

Auch das ›Anhören‹ von langjährigen Weggefährten, die gleichsam als ›Auditoren‹ fungieren, kann zu einer kritischen Revision seiner selbst dienen. Schließlich können sie Entwicklungsprozesse, wie man früher war und wie man heute wahrgenommen wird, aus der Außenperspektive beurteilen.

Montag: Wie habe ich mich im Lauf der Zeit verändert?
Dienstag: Wie war ich früher – wie bin ich heute?
Mittwoch: Wo gibt es Fortschritte – wo Rückschritte?
Donnerstag: Welche Qualitätsmerkmale lege ich an wie Liebenswürdigkeit, Geduld, Gerechtigkeit, Bescheidenheit usw.?
Freitag: Wann und wo nehme ich mir Zeit zum persönlichen Audit?
Samstag: Wer sind für mich Auditoren?

SONNTAG: Heute betrachte ich Bilder meiner Kindheit, Jugend usw..

30. WOCHE:
Wie gehe ich mit Glück um?

Ich will auch, dass du dir Rechenschaft gibst, wie du dich in Bedrängnissen verhältst. Wenn du standhaft in deinen eigenen Widerwärtigkeiten, bei fremden aber mitfühlend bist, dann freue dich! Das ist ein Zeichen eines lauteren Herzens! Ein Zeichen für eine ganz verkehrte Einstellung wäre es dagegen, wenn du dich bei eigenen Nöten als wehleidig ertappst, dich bei den Nöten anderer jedoch nicht als mitleidig erweist.
Was gilt aber im Glück? Gibt es da nichts, was dich zur Besinnung anregen könnte? Das gibt es sehr wohl; du brauchst nur aufmerksam zu beachten, wie selten stets die Menschen waren, die im Glück nicht wenigstens ein bisschen in der Wachsamkeit und Selbstzucht nachgelassen haben. Wann hatte dieses auf die Selbstzucht der Unvorsichtigen nicht die gleiche Wirkung wie das Feuer auf Wachs oder der Sonnenstrahl auf Schnee und Eis?
David war weise, noch weiser aber Salomo; doch als ihnen das Glück zu sehr schmeichelte, wurde der eine vorübergehend, der andere sogar ganz zum Toren. Groß ist der Mann, der kein bisschen von seiner Weisheit abkommt, wenn Drangsal an ihn herankommt, doch nicht geringer ist der, den das Glück nicht auslacht, wenn es ihn anlacht. (699)

Der deutsche Begriff ›Glückspilz‹ ist im 19. Jahrhundert entstanden. Ursprünglich werden damit Emporkömmlinge bezeichnet, die wie Pilze aus dem Boden schießen, ohne etwas zu ihrem Erfolg beigetragen zu haben. Heute verwenden wir ihn eher positiv für alle, die unverhofft auf die Sonnenseite des Lebens geraten oder das Glück ihres Lebens gefunden haben. Selbstredend ist es schön, ein Glückspilz zu sein.

Nach Bernhards Einschätzung leben Glückspilze gefährlich. Aufgrund ihres unverhofften Erfolgs können sie in falscher Selbstsicherheit überheblich und tollkühn werden, da sie sich ihres Glücks sicher sind. Als Beispiele führt er die Könige David und Salomo an, die beide durch ihre großen Erfolge im wahrsten Sinne des Wortes ›leicht-sinnig‹ wurden.

Das Aushalten von Unglück und Misserfolg scheint daher Bernhard die bessere Lebensschule zu sein. Er spricht in diesem Zusammenhang von den Bedrängnissen. Dies erinnert an das ›Aushalten von Widerwärtigem‹, von dem die Benediktsregel bei der Prüfung von klösterlichen Eintrittskandidaten spricht (vgl. RB 58,7). Nicht Euphorie, die sich in einem überschwänglichen Hochgefühl zeigt, sondern eine gesunde Leidensfähigkeit und Geduld, die sich im Tragen, Mittragen und Ertragen beweist, ist daher für die klösterliche Eignung entscheidend. Kurz gesagt: Wer in Krisen und Konflikten standhält, verfügt über die nötige Reife für das Klosterleben.

Diesen Gedanken teilt Bernhard mit dem Mönchsvater, wenn er vor Wehleidigkeit warnt und Mitleid sowie Empathie empfiehlt. Auch falsche Euphorie aufgrund unverdienter Erfolge, die den Papst zum strahlenden Glückspilz aufsprießen lassen, ist nicht angebracht. Letztlich geht es Bernhard um eine nüchterne Gelassenheit, die Eugen helfen soll, weder im Glück überheblich zu werden noch im Unglück zu resignieren.

Montag:	Wie gehe ich mit Glück um?
Dienstag:	Neige ich zu übersteigerter Euphorie?
Mittwoch:	Habe ich Geduld?
Donnerstag:	Kann ich mitleiden?
Freitag:	Resigniere ich schnell bei Misserfolgen?
Samstag:	Prägt mich nüchterne Gelassenheit?
SONNTAG:	Heute mache ich einen Menschen glücklich.

Wie trage ich Verantwortung für andere?

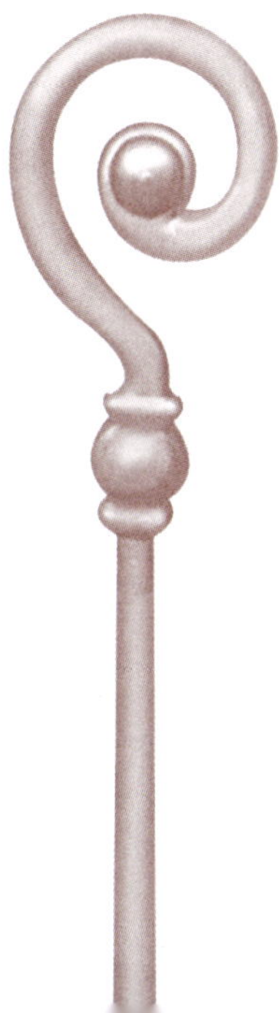

31. WOCHE:

Sehe ich mich als Verwalter oder Eigentümer?

Dir wurde nämlich meiner Meinung nach nicht in jeder Hinsicht, sondern, wie mir scheint, nur in gewisser Hinsicht die Welt zur Verwaltung anvertraut, doch nicht als Besitz gegeben. (...)
Was?, sagst du. Du gestehst mir das Vorsteheramt zu, verbietest mir aber zu herrschen? Ja, genau das. Als ob nicht der ein guter Vorsteher wäre, der mit eifriger Sorge vorsteht! Ist nicht auch das Landgut dem Gutsverwalter und der noch junge Hausherr dem Erzieher unterstellt? Trotzdem ist der eine nicht Eigentümer des Landgutes und der andere nicht der Herr seines Herrn. Ebenso sollst auch du vorstehen, um vorzusorgen, zu raten, zu verwalten und zu dienen. Dein Grundsatz sei vorzustehen, um vorzusehen, vorzustehen wie der treue und kluge Knecht, den der Herr über sein Gesinde gesetzt hat. Zu welchem Zweck? Dass er ihnen zur rechten Zeit ihre Nahrung gibt, das heißt, du sollst austeilen, nicht anschaffen. Handle danach, und strebe nicht danach, als Mensch über andere Menschen zu herrschen, damit kein Unrecht über dich herrsche! (703ff.)

Die Erteilung der Prokura an einen Mitarbeiter drückt großes Vertrauen und hohe Wertschätzung aus. Sie bevollmächtigt diesen, für ein Unternehmen umfangreich geschäftlich tätig zu werden. Prokura leitet sich von ›procurare‹ – ›für-sorgen, vorsorgen, besorgen, verwalten, pflegen‹ ab. Der Bevollmächtigte hat demnach Fürsorge, Verwaltung und Pflege übertragen bekommen. Damit weitet sich nochmals sein Auftrag.

Zu Beginn des Abschnitts, der sich mit dem Bereich ›unter ihm‹ beschäftigt, thematisiert Bernhard das päpstliche Anforderungsprofil. U.a. ist es Auftrag des Papstes, als Prokurist tätig zu werden, wenn Bernhard in diesem Zusammenhang das Wörtchen ›procurare‹ verwendet. Dies ist eine deutliche Ermahnung: Auch wenn Eugen als Papst die oberste Stelle kirchlicher und weltlicher Hierarchie einnimmt, ist er nicht Herr der Welt. Herr der Welt ist und bleibt allein Gott. Die Welt ist vielmehr dem Papst zur Verwaltung anvertraut. Als guter Prokurist, ausgestattet mit dem Vertrauen Gottes, soll sich Eugen bewähren, sodass er sich vor Gott verantworten kann. In seiner exponierten Stellung gilt es daher, vorzustehen, um vorzusehen.

Bernhard ist es ein großes Anliegen, wiederholt den Dienstcharakter des päpstlichen Amtes herauszustreichen. Bei seinen zahlreichen Begegnungen mit hochgestellten kirchlichen Würdenträgern hatte der Abt von Clairvaux immer wieder selbstgefällige Herrschsucht erlebt. Im Blick auf seinen eigenen, ausgeprägten Machtinstinkt stellt sich freilich die Frage, inwieweit Bernhard selbst vor diesem Laster gefeit war. Desto beachtlicher ist es, dass er seinen Mitbruder mit eindringlichen Worten vor Machtallüren warnt.

Im Blick auf unsere eigenen großen wie kleinen Besitztümer stimmen die Gedanken Bernhards nachdenklich. Spätestens mit dem Tod werden sie uns genommen werden. Sie gehören nicht uns. Wir haben für sie Prokura im wahrsten Sinn des Wortes.

Montag:	Sehe ich mich als Verwalter oder Eigentümer?
Dienstag:	Wem diene und nütze ich?
Mittwoch:	Für wen habe ich Prokura erteilt bekommen?
Donnerstag:	Für wen bin ich Brötchengeber?
Freitag:	Neige ich zur Herrschsucht?
Samstag:	Verstehe ich mich als Dienstleister?
SONNTAG:	Heute bedanke ich mich bei einem Menschen, der treu für mich sorgt.

32. WOCHE:

Für wen trage ich Verantwortung?

Daher bist du auch der Schuldner der Ungläubigen, der Juden, der Griechen und Heiden. Du musst dir deshalb die größtmögliche Mühe geben, dass sich die Ungläubigen zum Glauben bekehren, die Bekehrten sich nicht von ihm abkehren, dass die Abgefallenen zurückkehren, dass die verkehrt Denkenden sich wieder zur rechten Ordnung hinkehren, die Verführten zur Wahrheit umkehren, die Verführer aber durch unwiderlegliche Beweisgründe überführt und womöglich gebessert werden, oder andernfalls ihren Einfluss verlieren und damit die Möglichkeit, andere zu Fall zu bringen. (...)
Denn auch in ihr suchen wir alle unseren Vorteil. Das führt aber dazu, dass wir einander beneiden, reizen und im Hass schulen, uns zu Unrecht verleiten lassen, uns zum Streit rüsten, uns gegenseitig zum Besten halten, zu Verleumdungen hinreißen lassen und in Flüche ausbrechen, dass wir von den Stärkeren unterdrückt werden und die Schwächeren unterdrücken. Wie angemessen und lobenswert ist es, wenn du in der Erwägung deines Herzens nach Abhilfe für diese so verderbliche Form des Unverstandes suchst. (707ff.)

›Globalisierung‹ ist ein Schlagwort, mit dem treffend die Postmoderne charakterisiert wird. Durch die permanente Weiterentwicklung der Kommunikations- und Transporttechniken rückt die Welt enger zusammen und wurde gleichsam zum globalen Dorf. Nationale und kontinentale Grenzen fallen. Wir müssen zunehmend lernen, in globalen Zusammenhängen und Verflechtungen zu denken und zu handeln. Gerade in den gegenwärtigen Krisen wird deutlich, wie abhängig wir von internationalen Entwicklungen sind. Dabei müssen sich die wohlhabenden Wirtschaftsnationen ihrer besonderen Verantwortung bewusst sein, die sie für die ganze Weltgemeinschaft tragen.

Es ist interessant, dass auch Bernhard über den internen Tellerrand der Kirche hinausblickt, indem er Eugen an seine globale Verantwortung erinnert. Dabei kommt dem Abt seine intensive Reisetätigkeit durch ganz Europa zugute. Für ihn steht fest: Der Papst hat als ›Verwalter Gottes‹ nicht nur Prokura für den binnenkirchlichen Raum, sondern auch für die gesamte Menschheit.

Die Ermahnungen Bernhards erinnern an den Gedanken der ›Corporate Social Responsibility‹ – der ›Gesellschafts-Verantwortung‹ von Unternehmen. Neben den innerbetrieblichen Verantwortlichkeiten muss ein Unternehmen auch sozialen, ökologischen und politischen Erwartungen Rechnung tragen. Es kann nicht nur den eigenen Vorteil suchen.

Bernhard nennt deutlich, welche Folgen die eigene Vorteilssuche hat: Neid, Hass, Unrecht, Streit, Aufrüstung, Verleumdung. Schließlich werden die Schwächeren von den Stärkeren unterdrückt, so die Situationsbeschreibung seiner Zeit.

Im Blick auf die gegenwärtige Weltlage stimmen die Gedanken Bernhards nachdenklich. Unterdrückung, so die Lehre aus der Geschichte, führt über kurz oder lang immer zum Gegendruck, also zum Ausbruch von Gewalt. Daher ist es unsere Aufgabe, die globalen Herausforderungen anzunehmen und anzugehen. Mit unserem Wohlstand tragen wir besondere Verantwortung für die Weltgemeinschaft. Mit unserem Vermögen sind wir Schuldner, würde Bernhard uns ermahnen, sodass im Blick auf die globalen Herausforderungen Gleichgültigkeit nicht angesagt ist. Die Verpflichtung zur Nachhaltigkeit ist somit kein Luxus, den sich die großen Wirtschaftsnationen leisten können, sondern ein wichtiger Baustein für eine gerechte und friedliche Weltordnung.

Montag:	Für wen trage ich Verantwortung?
Dienstag:	Wessen Schuldner bin ich?
Mittwoch:	Wo suche ich den eigenen Vorteil?
Donnerstag:	Stehe ich auf der Seite der Gewinner oder Verlierer?
Freitag:	Welchen Beitrag zur Verbesserung leiste ich?
Samstag:	Womit kann ich einen Beitrag leisten, um globale Ungerechtigkeiten zu verändern?
SONNTAG:	Heute überlege ich mir, welche wohltätige Organisation ich zumindest finanziell unterstützen könnte.

33. WOCHE:

Diene ich dem Wachstum der mir Anvertrauten?

Du bist Vorsteher und zwar auf einzigartige Weise. Wozu? Darauf, meine ich, musst du dich besinnen. Etwa damit du auf Kosten deiner Untergebenen größer wirst? Keineswegs, sondern sie auf deine Kosten! Sie haben dich zum Fürsten bestellt, aber um ihretwillen, nicht um deinetwillen. Mit welchem Recht glaubst du im Übrigen, höher zu stehen als die, von denen du eine Wohltat erbettelst? (...)
Es ist ein Zeichen von kleinlicher und niedriger Gesinnung, wenn man im Umgang mit den Untergebenen nicht auf ihren Fortschritt bedacht ist, sondern auf den eigenen Gewinn. Vor allem in der höchsten Stellung wäre nichts Schändlicheres denkbar. (...) Hier greife ich die Habsucht auf. Deinem Ruf nach bist du frei von diesem Laster; ob das auch von deinem Tun gilt, musst du entscheiden. (719ff.)

Das jährliche Wirtschaftswachstum wird über das Bruttoinlandsprodukt bestimmt. Dabei wird deutlich, dass es neben dem quantitativen auch qualitatives Wachstum gibt, wenn zum Beispiel in einem Unternehmen die Arbeitszufriedenheit der Mitarbeiter zunimmt. Fortschritte im qualitativen Wachstum gibt es dann, wenn Weiterbildung und Entwicklung ermöglicht und innovative Leistungen entsprechend honoriert werden.

Wenn Bernhard den Papst an dessen Verantwortung für seine Untergebenen erinnert, dann geht es ihm um deren qualitatives Wachstum. Eugen soll nicht auf Kosten der ihm Anvertrauten leben, sondern ihnen durch seine Hilfe und Unterstützung zu einem besseren Leben verhelfen.

All das schwingt mit, wenn Bernhard vor der Habsucht warnt, die nur den eigenen Gewinn sucht. Mit ›avaritia‹, wie sie im Lateinischen genannt wird, spricht er eine der sieben Hauptlaster an. Die Sucht nach dem ›Immer-mehr‹, die nur den eigenen Vorteil kennt, entfremdet die Menschen.

So warnt auch Benedikt vor diesem Laster. Wenn im Kloster Produkte der Handwerker verkauft werden, dann darf sich bei der Festlegung der Preise nicht das Übel der Habgier einschleichen. Daher empfiehlt der Mönchsvater einen unökonomischen Weg: »Man verkaufe sogar immer etwas billiger, als es sonst außerhalb des Klosters möglich ist, damit in allem Gott verherrlicht werde« (RB 57,8–9).

Auch wenn es schwerfällt, diese Praxis in der Realität zu befolgen, Tatsache ist, dass quantitatives Wachstum dann an seine Grenzen stößt, wenn dadurch die Ziele eines Unternehmens infrage gestellt werden.

Dies ist der Gedanke Bernhards. Letztlich kann es dem Papst als fürsorgendem Hirten nicht um den eigenen Gewinn gehen, geschweige denn, dass er auf Kosten von anderen gut herauskommt. Vielmehr muss ihm das Wachstum und Wohlergehen aller ihm

Anvertrauten ein bestimmendes Anliegen sein. Das ist Sinn und Zweck seines Dienstes. Dies wiederum bedeutet, auf den Einzelnen Rücksicht zu nehmen, wie es Benedikt dem Abt ins Stammbuch schreibt: »Nach der Eigenart und Fassungskraft jedes Einzelnen soll er sich auf alle einstellen und auf sie eingehen. So wird er an der ihm anvertrauten Herde keinen Schaden erleiden, vielmehr kann er sich am Wachsen einer guten Herde freuen« (RB 2,32).

Montag:	Diene ich dem Wachstum der mir Anvertrauten?
Dienstag:	Auf wessen Kosten lebe ich?
Mittwoch:	Suche ich den eigenen Vorteil?
Donnerstag:	Sehe ich sowohl das quantitative als auch das qualitative Wachstum?
Freitag:	Wie fördere ich andere?
Samstag:	Wie definiere ich Fortschritt?
SONNTAG:	Heute überlege ich mir, wie ich der Sekretärin, der Reinigungsdame, dem Pförtner eine Freude machen kann.

34. WOCHE:

Halte ich mich an das, was erlaubt, schicklich und nützlich ist?

Äbte werden den Bischöfen, Bischöfe den Erzbischöfen, Erzbischöfe ihrem Patriarchen oder Primas entzogen. Erweckt das den Anschein, in Ordnung zu sein? (...)
Der geisterfüllte Mensch, der über alles urteilt, ohne dass er von jemandem beurteilt wird, wird all sein Tun durch eine dreifache Besinnung vorbereiten: Erstens: Ist es erlaubt? Zweitens: Ist es schicklich? Drittens: Ist es nützlich?
Denn wenn auch ein Grundsatz der christlichen Philosophie besagt, dass nur das Erlaubte schicklich und nur das Erlaubte und Schickliche auch nützlich sein kann, so folgt dennoch nicht ohne Weiteres, dass alles, was erlaubt ist, auch schicklich und nützlich sein muss.
Nun wollen wir diese drei Punkte so gut wie möglich auf den vorliegenden Sachverhalt anwenden: Wie sollte es nicht unschicklich von dir sein, deinen Willen zum Gesetz zu machen, und, da gegen dich nicht Berufung eingelegt werden kann, deine Macht unter Vernachlässigung vernünftiger Gründe auszuüben? Bist du etwa größer als dein Herr? Er hat gesagt: »Ich bin nicht gekommen, um meinen Willen zu tun.« (725)

›Compliance‹ ist in der betriebswirtschaftlichen Fachsprache ein gängiger Begriff, der die Regeltreue und Regelkonformität eines Unternehmens bezeichnet. Er wird mit ›Befolgung‹ übersetzt und verweist auf die freie Selbstverpflichtung eines Unternehmens, gültige Verordnungen, Gesetze und Richtlinien strikt einzuhalten. Formen der Wirtschaftskriminalität wie Schwarzarbeit, Korruption, Insiderhandel oder Geldwäsche hatten dazu geführt, dass sich Wirtschaftsbetriebe zur Einhaltung eines festgeschriebenen Ethikmanagements verpflichteten. Diese Verpflichtung zur ordnungsgemäßen Unternehmensführung soll letztlich dem guten Ruf dienen.

Auch Bernhard spricht dieses weite Feld für den kirchlichen Raum an, wenn er Eugen eine dreifache Besinnung mit folgenden Fragen empfiehlt: »Ist es erlaubt – ist es schicklich – ist es nützlich?«

Ausgehend von den Strukturen seiner Zeit, pocht Bernhard darauf, dass die hierarchische Ordnung strikt eingehalten wird. Wenn der Papst nicht darauf achtet, besteht die Gefahr, dass nicht nur kirchliche Würdenträger den vorgegebenen Ordnungsrahmen infrage stellen, sondern auch andere. Die Folge wären chaotische Strukturen, die wiederum für Eugen eine große Belastung wären.

Bestehende Ordnungen zu hinterfragen, kann sinnvoll sein. Dies darf aber weder aus Willkür noch aus Bequemlichkeit geschehen. Jede Änderung muss vernünftig begründet werden. Denn im höchsten Amt der Kirche darf sich keine Selbstherrlichkeit einschleichen, sodass der Papst unreflektiert den eigenen Willen zum Gesetz macht. Geschweige denn darf es kriminelle oder anrüchige Handlungen geben. Um die Regeltreue, die ›Compliance‹ zu gewährleisten, ist es daher für Bernhard unabdingbar, kritisch zu fragen, was im Rahmen des Ethischen erlaubt, schicklich und nützlich ist und was eben nicht!

Montag:	Halte ich mich an das, was erlaubt, schicklich und nützlich ist?
Dienstag:	Wer und was sind ›in Ordnung‹?
Mittwoch:	Welche moralischen Instanzen halte ich ein?
Donnerstag:	Was schadet dem guten Ruf?
Freitag:	Halte auch ich mich an die Strukturen?
Samstag:	Was sind die Säulen meines Ethikmanagements?
SONNTAG:	Heute räume ich meinen Schreibtisch auf.

35. WOCHE:

Handle ich vernünftig oder willkürlich?

Im Übrigen ist es nicht Zeichen eines demütigen, sondern eines überheblichen Geistes, wenn einer, als entbehrte er aller Vernunft, nicht vernünftig, sondern willkürlich handelt, und sich nicht von einem Urteil, sondern einer Laune antreiben lässt. Was entspricht mehr der Art eines Tieres? Und wenn es eines vernunftbegabten Geschöpfes unwürdig ist, wie ein Stück Vieh zu leben, wer könnte es dann ertragen, dass in dir, dem obersten Gebieter, die Natur so sehr geschmäht und die menschliche Ehre so tief beleidigt wird? (727ff.)

Kalkulationen bestimmen das Alltagsgeschäft eines Unternehmens. Produktionskosten, Einkaufs- und Verkaufspreise, Dienstleistungen usw. gilt es, permanent zu berechnen. Um gut planen und verantwortlich entscheiden zu können, müssen mögliche Risiken klug kalkuliert werden.

›Berechenbarkeit‹, wie wir Kalkulation auch übersetzen könnten, ist im Blick auf ein gutes zwischenmenschliches Miteinander ein hohes Gut. Wer unberechenbar ist, lässt sich nicht einordnen. Er gleicht einem wilden Tier, von dem wir nicht wissen, wie es reagiert. Ständig muss man vor ihm auf der Hut sein. Berechenbarkeit dagegen gibt Klarheit und Sicherheit, sodass wir unser Gegenüber einschätzen können.

Eindringlich warnt Bernhard seinen Mitbruder vor jeder Art der Willkür. Der Papst soll in seinem Verhalten berechenbar sein, sodass es in der Kirche nicht zu Unsicherheiten kommt. Die Berechenbarkeit dient letztlich dem Frieden. Dies ist Benedikt wichtig, wenn er den Abt zu vernünftigen und berechenbaren Entscheidungen mahnt. Die Gemeinschaft soll nachvollziehen können, was den Abt zu seiner Entscheidung bewogen hat, wenn es heißt: »Der Abt bevorzuge im Kloster keinen wegen seines Ansehens. Den einen liebe er nicht mehr als den anderen, es sei denn, er finde einen, der eifriger ist in guten Werken und im Gehorsam. Er ziehe nicht den Freigeborenen einem vor, der als Sklave ins Kloster eintritt, wenn es dafür keinen vernünftigen Grund (rationabilis causa) gibt« (RB 2,16–18).

Wenn Bernhard den Papst zur Vernunft mahnt, bewegt er sich in benediktinischer Tradition. Jede Form des Machtmissbrauchs und der Willkür, die nur die Durchsetzung des eigenen Willens kennt oder durch gegenwärtige Launen bestimmt wird, wird durch die geforderte vernünftige Begründung unterbunden. Berechenbarkeit und Kalkulation dienen letztlich der Sicherheit aller Beteiligten.

Montag:	Handle ich vernünftig oder willkürlich?
Dienstag:	Sind meine Entscheidungen für andere nachvollziehbar?
Mittwoch:	Bin ich berechenbar?
Donnerstag:	Wer hat Angst vor mir?
Freitag:	Was habe ich für Gründe für strukturelle Veränderungen?
Samstag:	Wodurch strahle ich auf andere Klarheit und Sicherheit aus?
SONNTAG:	Heute versuche ich pünktlich zu sein.

36. WOCHE:
Setze ich Beschlüsse konsequent um?

Hat nicht dein Mund auf dem Konzil zu Reims die unten angeführten Beschlüsse veröffentlicht? Wer hält diese ein? Wer hat sie je eingehalten? Du bist im Irrtum, wenn du glaubst, sie würden eingehalten. Wenn du das aber nicht glaubst, hast du dich selber schuldig gemacht, entweder durch den Erlass von undurchführbaren Verordnungen oder durch Gleichgültigkeit gegenüber ihrer Durchführung. (...)
Die Straflosigkeit ist die Tochter der Sorglosigkeit, die Mutter der Frechheit, die Wurzel der Unverschämtheit und die Amme der Übertretung. Selig, wenn du dich mit ganzer Sorge darum bemühst, die Sorglosigkeit, die Stammmutter aller Übel, zu meiden! (733ff.)

Es ist interessant, dass unser Wort ›Sanktion‹ vom lateinischen ›sancire‹ kommt, das ursprünglich ›heiligen‹ und ›unverletzlich machen‹ heißt. Eine Sanktion will also etwas Heiliges schützen und es gleichsam unverletzlich machen. Dazu kennen wir positive Sanktionen, wie etwa Belohnungen, und negative, wie Strafen. Beide sollen motivieren, sich an Vorgegebenes zu halten.
Bernhard mahnt im Umgang mit Verordnungen und Sanktionen zur Konsequenz. Als erfahrener Lehrer und Erzieher weiß er, dass jede Form von Inkonsequenz negative Folgen haben kann.

Daher warnt er Eugen bei der Umsetzung von Beschlüssen vor Gleichgültigkeit und Sorglosigkeit. Als unbequemer Reformer hat Bernhard erfahren, dass man sich bei der Korrektur von lieb gewonnenen Gewohnheiten unbeliebt machen kann. Widerstände gilt es auszuhalten, und Anfeindungen zu ertragen. Selbstredend ist dazu ein langer Atem und permanente Aufmerksamkeit vonnöten.

Bernhard stellt den Papst daher vor die Entscheidung, entweder zu seinen Anordnungen zu stehen und die Umsetzung einzufordern, oder diese fallen zu lassen. Gleichgültigkeit, der jede Form von Herzblut und Liebesmühe fehlt, führt nur dazu, dass sich die Betroffenen den Anweisungen des Papstes widersetzen. Dies wiederum kommt einem Autoritätsverlust gleich.

Daher muss deutlich sein, was Eugen als Papst will, was ihm wichtig und heilig ist. Mit seiner ganzen Autorität muss er dies fördern und unterstützen, indem er konsequent die Einhaltung von Beschlüssen fordert und Zuwiderhandlungen ahndet. Das ist nicht nur eine Frage der Gerechtigkeit, sondern auch eine Frage der Glaubwürdigkeit. Diese zumindest sollte Eugen heilig sein.

Montag:	Setze ich Beschlüsse konsequent um?
Dienstag:	Wo lasse ich mich von Gleichgültigkeit leiten?
Mittwoch:	Wie kommuniziere ich, was erwünscht und unerwünscht ist?
Donnerstag:	Wie werden Beschlüsse durch- und umgesetzt?
Freitag:	Welche Sanktionen kenne ich?
Samstag:	Bin ich in meinem Handeln glaubwürdig?
SONNTAG:	Heute nehme ich mir vor, einen vorbildlichen Mitarbeiter in der kommenden Woche zu loben.

Wer trägt Verantwortung mit mir?

37. WOCHE:

Wer steht mir nahe?

Was sich vor deinen Augen abspielt, erlaubt nämlich keine Sorglosigkeit, keine Gleichgültigkeit, kein Vergessen. (...)
Es bedrängt dich heftiger, rennt mächtiger gegen dich an, und es steht zu befürchten, dass es dich niederrennt. Wie nötig eine nüchterne und aufmerksame Besinnung über diese Dinge ist, weißt du zweifellos zur Genüge aus eigener Erfahrung. Sonst, falls du keine umsichtige und kluge Besinnung einschiebst, werden die Geschäfte pausenlos weitergehen, die Quälerei wird kein Maß und die Sorge kein Ende kennen. Freizeit gibt es nicht mehr, genauso wenig ein freies Herz. Die Arbeit nimmt zu, der Nutzen ab.
Ich meine damit den täglichen Andrang zu dir aus der Stadt, der Kurie und deiner Hausgemeinde. Sie alle sind rund um dich: dein Klerus und Volk, für die du in besonderer Weise zum Bischof bestellt und damit zu besonderer Sorge verpflichtet bist. Auch die Menschen, die dir täglich zur Seite stehen, gehören dazu: die Ältesten des Volkes und die Richter der Welt, ferner all deine Haus- und Tischgenossen, all die Kapläne, Kammerdiener und Hofbeamten, die mit verschiedenen Aufgaben in deinem Dienst betraut sind. Diese haben vertrauteren Zugang zu dir, klopfen häufiger und fallen dir besonders lästig. (739ff.)

Handy und Internet sind in den letzten zehn Jahren zu selbstverständlichen und unverzichtbaren Kommunikationsmitteln geworden. Sie ermöglichen eine ständige Erreichbarkeit. Gerade Personen des öffentlichen Lebens müssen sich daher gut überlegen, wem sie die private Handynummer und E-Mailadresse geben. Selbstredend werden dies Familienangehörige und enge Freunde sein. Manchmal sind es auch nahestehende Arbeitskollegen oder wichtige Geschäftspartner, denen wir vertrauen können. Und doch ist dabei der Missbrauch nicht ausgeschlossen.

Ungehinderter Zugang kann lästig werden, wenn das Handy etwa im Urlaub klingelt und geschäftliche Themen besprochen werden sollen oder von der Unternehmensleitung erwartet wird, dass auch am Wochenende täglich die E-Mails abgecheckt werden. Die Frage, wie man sich schützen kann, ist nur schwer zu beantworten.

Sie beschäftigt auch Bernhard, wenn er nun das Umfeld des Papstes unter die Lupe nimmt. Zum einen trägt Eugen für dieses besondere Verantwortung. Zum anderen finden nahestehende Personen leichteren Zugang zum Papst, sodass er sich sinnvoll schützen und abgrenzen muss, damit die Geschäfte nicht pausenlos weitergehen. Daher ist es hilfreich, von Zeit zu Zeit zu klären, wer alles einem nahesteht, wer rund um uns herum ist.

Bernhard benennt in diesem Zusammenhang verschiedene Personengruppen. Der Papst wird sein Verhältnis zu ihnen unterschiedlich gestalten müssen. Für die Nahestehenden trägt Eugen besondere Verantwortung, sodass Bernhard folgerichtig vor »Sorglosigkeit, Gleichgültigkeit und Vergessen« mahnt.

Ihnen werden wir vorbehaltlos die Handynummer geben. Auch Aufmerksamkeiten wie die Gratulation zum Geburtstag, das ›Sich-Erkundigen‹ nach dem Wohlbefinden oder das ›Drandenken‹ bei einer Prüfung sind Indizien für die Pflege des persönlichen Bekanntenkreises.

Selbstredend gibt es auch Personengruppen, zu denen sich Eugen in seinem Umfeld abgrenzen muss, um eine gesunde Distanz wahren zu können. In diesem Spannungsfeld von Nähe und Distanz eröffnet Bernhard das neue Kapitel über die Betrachtung des näheren Umfeldes des Papstes. Die Sorge für die Nahestehenden fordert Aufmerksamkeit und Umsicht. Der Schutz der Freizeit und des freien Herzens fordert Abgrenzung und Distanz. Zu beidem ist der Papst wie jede Führungskraft verpflichtet.

Montag:	Wer steht mir nahe?
Dienstag:	Wem begegne ich täglich?
Mittwoch:	Wer ist mir in meinem Umfeld gleichgültig?
Donnerstag:	Sorge ich mich um meine Familie, um meine näheren Kollegen und beruflichen Partner?
Freitag:	Wer hat ungehindert Zugang zu mir?
Samstag:	Wie kann ich mich mit einer gesunden Distanz schützen?
SONNTAG:	Heute schreibe ich einem guten Freund einen Brief.

38. WOCHE:

Wie spiegelt mich mein Umfeld?

Vor allem muss jener Klerus, der für den Klerus der Gesamtkirche in besonderer Weise vorbildlich gewesen ist, in bester Ordnung sein. Schließlich sind alle Fehler, die in deiner Gegenwart begangen werden, umso beschämender für dich. Die Ehre deiner Heiligkeit verlangt, dass die Männer, die du vor Augen hast, so regeltreu herangebildet sind, dass sie als Spiegel und dass sie als Vorbild für jede Tugend und Ordnung gelten können. Sie müssen sich mehr als alle anderen durch Dienstbereitschaft, würdige Sakramentenspendung, Eifer in der Belehrung des Volkes und Wachsamkeit hinsichtlich der Reinheit ihres eigenen Lebens auszeichnen. (739)

Soziale Beziehungen sind ein wichtiger Bestandteil unserer Persönlichkeit. Entsprechend dem Sprichwort: »Zeige mir deine Freunde, und ich sage dir, wer du bist!« sagt der Freundes- und Bekanntenkreis einiges über uns aus. Unser persönliches Umfeld prägt uns. Zugleich spiegelt es persönliche Neigungen und Interessen.

Dabei hat sich der Freundesbegriff durch sogenannte ›Internet Communitys‹ ausgeweitet. Dort werden in ›Freundeslisten‹ alle Verbindungen dokumentiert, die durch angenommene Kontakte eingegangen wurden. Man fügt den anderen ›als Freund‹ seinem Verteiler zu, wie es im Fachjargon heißt, sodass dieser Einsicht ins persönliche Leben bekommt. Für die eigene Reputation können diese Freundeslisten nützlich, aber auch schädlich sein. Auch in virtuellen Freundeskreisen ist es daher ratsam, sein Umfeld wachsam zu pflegen.

Diese sensible Pflege liegt Bernhard am Herzen, wenn er den Papst im Blick auf dessen Aufgabe und deren Anforderungen dazu ermahnt, gut auf sein Umfeld zu achten. Gerade die Geistlichen, mit denen sich Eugen Tag für Tag umgibt, müssen in ihrem Lebenswandel vorbildlich sein. Ansonsten besteht die Gefahr, dass das negative Urteil über sie auch auf den Papst zurückfällt und dadurch seine moralische Autorität Schaden nimmt.

Wir kennen solche Rückschlüsse nach dem Motto: »Der braucht uns nichts mehr zu sagen. Der soll zuerst einmal schauen, dass er seinen eigenen Laden in Ordnung bringt!«

Wenn das Umfeld dagegen in ›bester Ordnung‹ ist, wie es Bernhard fordert, dann stärkt dies die Autorität Eugens. Es wird deutlich, dass die Maßstäbe und Verhaltensregeln nicht nur gepredigt werden, sondern vorbildlich im internen Freundeskreis gelebt werden müssen, weil dieser Spiegel seiner selbst ist.

Montag:	Wie spiegelt mich mein Umfeld?
Dienstag:	Wen zähle ich zu meinen persönlichen Freunden?
Mittwoch:	Ist mein Umfeld in Ordnung oder zweifelhaft?
Donnerstag:	Übe ich Nachsicht mit meinem Umfeld, um Konflikten aus dem Weg zu gehen?
Freitag:	Gelten die Ansprüche, die ich für mich anlege, auch für meinen innersten Kreis?
Samstag:	Worin soll ich für mein Umfeld Vorbild sein?
SONNTAG:	Heute bringe ich mein Adressenverzeichnis auf den aktuellen Stand.

39. WOCHE:

Wie pflege ich mein Umfeld?

Was soll ich aber von dem Volk sagen? Sie sind eben Römer. Was ist seit Generationen so bekannt wie die Frechheit und die Halsstarrigkeit der Römer? Ich könnte meine Meinung über deine Pfarrkinder weder kürzer noch deutlicher zum Ausdruck bringen. Sie sind ein Volk, für das der Frieden das Ungewohnte, der Aufruhr dagegen das Gewohnte ist, ein Volk, das sich grausam und unzugänglich erweist bis zum heutigen Tag und Unterwerfung nicht kennt, außer es gäbe keine Möglichkeit mehr zum Widerstand. Sieh diese Wunde! Du bist mit der Pflege beauftragt und darfst deshalb nicht gleichgültig bleiben! Du lachst mich vielleicht aus, weil du von der Unheilbarkeit überzeugt bist – gib aber die Hoffnung nicht auf! Man verlangt von dir, für den Kranken zu sorgen, nicht aber, die Heilung zu besorgen. Du hast ja vernommen: »Sorge für ihn!« (Lk 10,35), aber nicht »Heile ihn!«, oder »Mach ihn gesund!«. Mit Recht hat ein Dichter einmal gesagt: »Nicht immer glückt es dem Arzt, dass wieder genese der Kranke.«

Bei dir aber lasse ich besser einen der Deinen zu Wort kommen: Paulus sagt: »Mehr als alle habe ich mich abgemüht«, aber nicht: »Mehr als alle habe ich geleistet«, oder »Mehr als alle habe ich erreicht!« (...) So tu, bitte, auch das Deine, denn Gott wird das Seine in ausrei-

chendem Maß unabhängig von deiner ängstlichen Sorge wirken. Pflanze, gieße, trage Sorge, und du hast deinen Anteil geleistet. Das Wachstum freilich wird Gott geben, wo er will, nicht du. Wo er aber vielleicht nicht will, geht dir nichts verloren … (739)

»Lehrers Kinder, Pfarrers Vieh gedeihen selten oder nie!«, so heißt es in einem Sprichwort. Ähnliches gilt, nach der Einschätzung Bernhards, für das römische Volk, für das der Papst als Bischof von Rom besondere Verantwortung trägt. Treffend charakterisiert der Reformabt dieses mit der Bemerkung: »Sie sind eben Römer!« Bei ihnen scheint, wie der Volksmund sagt, ›Hopfen und Malz verloren‹ zu sein.

Trotz dieser frustrierenden Einschätzung mahnt Bernhard zum Engagement. Weder Resignation und Gleichgültigkeit noch zu rigoroses Durchgreifen sind angesagt, sondern die sorgsame Pflege. Wiederum vergleicht Bernhard diese mit der ihm vertrauten Garten- und Feldarbeit: Pflanzen, gießen, Sorge tragen soll der Papst für das römische Volk. Diese sorgende Aufmerksamkeit geschieht, übertragen auf unseren Verantwortungsbereich, im täglichen Gespräch, im kritischen Feedback, in Kontrolle, mit Lob und Tadel, mit Dank und Anerkennung. Wie bei der Gartenarbeit so stoßen wir auch bei der Begleitung von Menschen an unsere Grenzen. Manches Unkraut wächst nach, das Wetter lässt sich nicht beeinflussen oder Schnecken plündern erneut das Salatfeld. Dies lässt sich auch auf jedes gut gemeinte Qualitätsmanagement übertragen.

Es ist daher entlastend, wenn Bernhard die Aufgabe des Papstes als permanente Pflege beschreibt, die nicht unbedingt zur Heilung oder vollständigen Genesung führt. Eugen soll sich nicht überfordern. Er soll das Seine tun.

Hier scheint auch der Vergleich mit der Alten- und Krankenpflege angebracht, die tagtäglich Geduld, Anstrengung, Ausdauer, rücksichtsvollen Umgang und liebevolle Zuwendung von den Pflegekräften verlangt. Heilung und Genesung liegen letztlich nicht in ihren Händen.

Montag:	Wie pflege ich mein Umfeld?
Dienstag:	Was sind Elemente der permanenten Sorge?
Mittwoch:	Habe ich die notwendige Ausdauer und Geduld?
Donnerstag:	Wie gehe ich mit der Tatsache um, dass manches nicht mehr saniert werden kann?
Freitag:	Wer ist mir im Lauf der Jahre gleichgültig geworden?
Samstag:	Wie gehe ich mit ›vergeblicher Liebesmühe‹ um?
SONNTAG:	Heute verwöhne ich einen lieben Menschen.

40. WOCHE:

Wie gehe ich mit Vorteilssuche um?

Wen kannst du mir aus der riesigen Stadt Rom nennen, der dich als Papst angenommen hat, ohne daraus Gewinn zu ziehen oder wenigstens zu erhoffen? Sie wollen vor allem dann herrschen, wenn sie Unterwerfung versprochen haben. Sie geloben Treue, um denen, die ihnen trauen, umso besser schaden zu können. Deswegen wird es bei dir keine Ratsversammlung geben, von der sie sich ausgeschlossen glauben, und kein Geheimnis, in das sie sich nicht einmischen. Wenn einer von ihnen vor der Türe steht und der Pförtner ihn auch nur ein wenig warten lässt, dann möchte ich nicht in dessen Haut stecken! (...)

Für die Ehre wird alles getan, für die Heiligkeit nichts oder nur wenig. Wenn du gegebenenfalls versuchst, ein wenig bescheidener aufzutreten und dich umgänglicher zu geben, rufen sie sofort: »Halt! Das ziemt sich nicht! Das passt nicht in die heutige Zeit, das schickt sich nicht für deine Hoheit! Bedenke doch, welches Amt du bekleidest!« An das, was Gott gefällt, denkt man zu allerletzt. Man zögert nicht, sein Heil zu verspielen – außer wir wollten das heilsam nennen, was vornehm ist, und das gerecht, was nach Prunk duftet. So wird alles Demütige unter den Hofbeamten für Schande gehalten, sodass du leichter einen findest, der demütig sein als es scheinen will. Gottesfurcht gilt als Einfalt, wenn nicht gar als Dummheit. Einen umsichtigen Mann, der sein eigenes Gewissen hoch achtet, verleumden sie als scheinheilig. Wer aber die Ruhe liebt und sich bisweilen auch Zeit für sich nimmt, den nennen sie unnütz. (743ff.)

Bei der Karrierearbeit ist ›Networking‹ immer schon ein wesentlicher Bestandteil. Beziehungen und Kontakte gilt es, geschickt einzusetzen und zu nutzen. Freilich müssen wir uns dabei bewusst machen, dass wir auf gleiche Weise von anderen benutzt und gebraucht werden.

Aus eigener politischer Erfahrung weiß Bernhard, wie wichtig es ist, Kontakte zu nutzen und seine Beziehungen spielen zu lassen. Entsprechend hat er sich in ganz Europa als machtbewusster Kirchenmann einen Namen gemacht. Dabei kommt es ihm jetzt selbst zugute, dass ein Mitbruder von ihm als Papst das höchste Amt der Kirche innehat.

Ob Bernhard mit dieser Beziehung kokettiert hat, wie es heute beim ›Namedropping‹ üblich ist, ist zu vermuten. Schließlich muss es Eindruck gemacht haben, dass der ehemalige Zögling nun Papst ist.

Auch unter diesem Gesichtspunkt soll Eugen sein Umfeld kritisch in Augenschein nehmen. Schließlich profitiert jeder, der mit dem Papst in Kontakt steht oder gar eine besondere Beziehung pflegt, von dessen exponierter Stellung. Dabei muss sich Eugen bewusst sein, dass dies nicht immer und ausschließlich aus reiner Zuneigung geschieht. Leider dominieren häufig das Streben nach Macht und Anerkennung und nicht die Fürsorge.

Wenn Bernhard in diesem Zusammenhang auf die Erfahrungen des Pförtners verweist, ist dies ein dezenter Hinweis, gerade auf

›Niedergestellte‹ zu hören. Sekretärinnen, Reinigungskräfte, Portiers, Chauffeure lernen Menschen oft ganz anders kennen und verfügen über eine Menschenkenntnis, die sich nicht von Äußerlichkeiten blenden lässt. Aufgrund ihrer zahlreichen unterschiedlichen Erfahrungen haben sie sich ein kritisches Urteilsvermögen angeeignet, das ihnen hilft, so manchen Bluff zu entlarven. So ist es für Eugen hilfreich, wach auf sein soziales Umfeld zu hören, das Hinweise geben kann, wer sich alles im Licht des Papstes sonnt.

Montag:	Wie gehe ich mit Vorteilssuche um?
Dienstag:	Wer sucht in meinem Umfeld Macht?
Mittwoch:	Wer sonnt sich in meinem Licht?
Donnerstag:	Gibt es ungute Abhängigkeiten?
Freitag:	Wer verfügt über einen ›gesunden Menschenverstand‹?
Samstag:	Über welche Kontakte und Netzwerke verfüge ich?
SONNTAG:	Heute frage ich meinen Partner/meine Partnerin , welche Stärken er/sie besonders an mir schätzt.

41. WOCHE:

Wie setze ich Maßstäbe im Umgang mit Statussymbolen?

Ungläubige und Umstürzler hast du um dich. Sie sind Wölfe, nicht Schafe, und doch bist du für sie Hirte. Es wäre nutzbringend, in deiner Besinnung nach einem Mittel Ausschau zu halten, wie es vielleicht möglich sein könnte, sie zur Umkehr zu bringen, damit nicht sie dich zu Fall bringen. Warum sollten wir an der Möglichkeit verzweifeln, dass sie wieder zu Schafen werden, wo sie doch aus diesen zu Wölfen werden konnten? Hier in diesem Punkt schone ich dich nicht, damit Gott dich schont! Weigere dich entweder eindeutig, Hirte für dieses Volk zu sein, oder erweise dich als solcher! Weigern wirst du dich aber nicht, damit der, dessen Platz du innehast, sich nicht weigert, dich als Erben anzunehmen. Ich meine Petrus, von dem nicht bekannt ist, dass er einst im Schmuck von Edelsteinen und Seidenstoffen einhergezogen ist, mit Gold bedeckt auf einem Schimmel ritt, dass eine Leibgarde ihn umgab oder lärmende Diener ihn umringten. Ohne all das glaubte er dennoch, seinen Heilsauftrag ausreichend erfüllen zu können: »Wenn du mich liebst, dann weide meine Schafe« (Joh 21,15).
In den genannten Punkten bist du nicht Petrus, sondern Konstantin nachgefolgt. Ich rate dir, es als zeitbedingt zu

dulden, nicht aber als verpflichtend zu verlangen. Lieber will ich dich zu dem Dienst aufmuntern, zu dem du meines Wissens tatsächlich verpflichtet bist. Wenn du auch in Purpur und Gold einherschreitest, darfst du dennoch die Mühe und Sorge eines Hirten, das Erbe des Guten Hirten, nicht von dir weisen, du darfst dich des Evangeliums nicht schämen. (747)

Statussymbole und Prestigeobjekte prägen gleichermaßen unser Leben. Ein Dienstwagen mit Chauffeur, ein eigenes Sekretariat mit entsprechend eingerichtetem Büro, eine flexiblere Arbeitszeitregelung oder andere Privilegien sind deutliche Signale. Selbstredend sollen sie zunächst der Arbeitsentlastung dienen und zugleich zeigen sie einen entsprechenden Status an.

Diese Signale können freilich auch bewusst eingesetzt werden, um etwas vorzutäuschen. Das Tragen einer wertvollen Markenarmbanduhr, das Fahren eines teuren Autos oder die Mitgliedschaft in einem exklusiven Club lassen vordergründig gedeutet auf den Wohlstand einer Person schließen. Ob es dann wirklich so ist, ist die andere Frage.

Auch der Papst verfügt über unterschiedliche Statussymbole, die seine gehobene Stellung betonen. Als unermüdlicher Reformer mahnt Bernhard zum kritischen Umgang. Eugen soll sie als zeitbedingt annehmen und nutzen, ohne davon abhängig zu werden.

In der Gegenüberstellung von Petrus und Konstantin verdeutlicht Bernhard, welche Gefahren in Privilegien liegen. Durch die Gewöhnung kann es geschehen, dass sich der Papst über diese Privilegien definiert und seine eigentliche Aufgabe verkennt. Aus dem sorgenden Hirtendienst, für den der Apostel Petrus steht, wird die selbstbewusste Herrschaft und Hofhaltung, die Kaiser Konstantin repräsentiert.

Diesem schleichenden Entfremdungsprozess will Bernhard entgegenwirken, wenn er an das Erbe des Guten Hirten erinnert. Eugen soll nicht das Zepter, sondern den Hirtenstab in die Hand nehmen. Nicht Resignation, sondern entschiedener Einsatz ist von ihm gefordert.

Montag:	Wie setze ich Maßstäbe im Umgang mit Statussymbolen?
Dienstag:	Wie gehe ich mit dem Schaf – mit dem Wolf in mir um?
Mittwoch:	Bin ich eine überzeugte Führungskraft?
Donnerstag:	Wie gehe ich mit Widerständen um?
Freitag:	Wann bin ich mehr Imperator, wann mehr Hirte?
Samstag:	Entdecke ich in meinem Werdegang einen schleichenden Entfremdungsprozess?
SONNTAG:	Heute nehme ich bewusst Dinge in die Hand, die mir besonders wertvoll sind.

42. WOCHE:

Sind meine Vertrauten mir Hilfe oder Hindernis?

Wir kommen nun zu deinen Vertrauten und Mitarbeitern. Sie stehen dir zur Seite und besonders nahe. Wenn sie deshalb gut sind, kommt es vor allem dir zugute; sind sie aber schlecht, so hast vor allem du den Schaden. Sage nicht, du seiest gesund, wenn es dich in den Seiten sticht, bezeichne dich nicht als rechtschaffen, wenn du dich auf böse Menschen stützt! (...)
Doch ob deine Mitarbeiter dir Hilfe oder Hindernis sind, wen könnte man dafür mit mehr Recht zur Verantwortung ziehen als dich, weil du sie entweder selbst ausgewählt oder zumindest angestellt hast? Ich sage das nicht von allen, denn es gibt solche, die nicht du, sondern die dich erwählt haben. Sie haben aber keine Macht, wenn nicht du sie ihnen entweder gibst oder zugestehst. Deshalb kommen wir wieder zum Ausgangspunkt zurück: Lege es dir selber zur Last, was auch immer du von einem zu erdulden hast, der ohne dich nichts vollbringen kann! (751)

Ob bei einer Unternehmensberatung, einem Autokonzern oder in Krankenhäusern – in nahezu allen Branchen gibt es Assistenten der Geschäftsführung. In großen Konzernen werden diese auch COO (Chief Operating Officer) genannt. Sie leiten das operative Geschäft und haben als ›rechte Hand des CEOs‹ Einblicke in die innersten Firmenentwicklungen. Sie treffen zum Teil weitreichende Entscheidungen und realisieren im Auftrag des Vorgesetzten oft umfangreiche Projekte. Als ›verlängerter Arm und rechte Hand‹ bilden sie das ›Headquarter‹. Manchmal wird in diesem Zusammenhang vom ›Intimbereich‹ des Unternehmens gesprochen, der höchste Sensibilität und Achtsamkeit erfordert. Auch Bernhard spricht diesen Bereich an, wenn er auf die Zur-Seite- und besonders nahe Stehenden zu sprechen kommt.

Im ursprünglichen lateinischen Text werden sie ›seduli et intimi‹ genannt. ›Sedulus‹ leitet sich von ›se(d) dolo‹ ab und meint wörtlich übertragen ›ohne Arglist‹, das heißt, ›mit wirklicher Hingebung‹ und wird mit ›emsig, geschäftig, eifrig, betriebsam‹ übersetzt. Bernhard will seinen Mitbruder vor aller Arglist schützen. Seine engsten Mitarbeiter, die quasi den Intimbereich abdecken, sollen integer sein und Eugen gut zuarbeiten, ohne dadurch die Würde des päpstlichen Amtes zu verletzen.

Selbstredend kann es hilfreich sein, Mitarbeiter zu haben, die unangenehme Dinge für den Papst erledigen. Die heute sogenannten bad boys sind aber genau zu beobachten, wie sie ihre Aufträge erfüllen. Denn der angewandte Stil, ob etwas korrekt und mit Anstand oder brutal und verletzend abgewickelt wird, fällt auf die Führungsspitze zurück.

Daher stellt Bernhard seinen Mitbruder vor die Frage, ob seine engsten Gefährten ihm wirklich Hilfe sind oder ihm mit der Zeit zum Hindernis werden, ob sie ihm nützen oder schaden. So kann das nicht korrekte Verhalten eines engen Mitarbeiters zu Beschwerden und Rekursen führen. Mühsame Aufarbeitung bis hin

zur Entschuldigung anstelle des Mitarbeiters können Folgen sein.
Nochmals macht daher Bernhard den Papst darauf aufmerksam, dass von den engsten Mitarbeitern auf die Führung geschlossen wird. Ihr Auftreten und Verhalten sagt etwas aus über den Stil eines Hauses. Es kann hilfreich und aufbauend sein. Es kann aber auch kontraproduktive und schädliche Auswirkungen haben.

Montag:	Sind meine Vertrauten mir Hilfe oder Hindernis?
Dienstag:	Wer sind meine Intimi?
Mittwoch:	Wie setze ich sogenannte bad boys ein?
Donnerstag:	Wer erledigt unangenehme Angelegenheiten für mich?
Freitag:	Welchen Führungsstil pflege ich zusammen mit meinen Kollegen?
Samstag:	Was ist der Stil unseres Hauses?
SONNTAG:	Heute überlege ich mir, welches Buch ich einem meiner Intimi schenken könnte.

43. WOCHE:

Wie wähle ich meinen engeren Mitarbeiterstab aus?

Es sollen keine jungen Männer, sondern Älteste sein, nicht so sehr dem Alter, als der sittlichen Reife nach, solche, die du als Älteste des Volkes kennst. Und müsstest du sie nicht aus der ganzen Welt auswählen, da sie doch die ganze Welt richten sollen? Freilich darf sich niemand selbst für diese Aufgabe aufdrängen, du musst dich bei deinem Handeln von kluger Überlegung, nicht von Bitten leiten lassen. Es gibt ganz gewiss Zugeständnisse, die uns entweder die Aufdringlichkeit von Bittstellern abringen oder deren Notlage abfordern kann. Doch das gilt für unseren privaten Bereich. (...) Wenn ein Kleriker häufig die Kurie besucht, ohne zur Kurie zu gehören, kannst du sicher sein, dass er zur gleichen Gattung der Stellenjäger gehört. Auch einen Schmeichler und einen, der jedem nach dem Mund redet, rechne zu den Bittstellern, sogar wenn er gar nichts erbeten hat. Beim Skorpion ist nicht der Kopf zu fürchten, sondern er sticht mit dem Schwanz. (...)

Nimm also nicht diejenigen in deinen Dienst, die das wollen und sich dazu drängen, sondern die Zögernden und Ablehnenden; ja, zwinge sie sogar und nötige sie einzutreten. Auf solchen Männern, glaube ich, wird dein Geist ruhen, nicht auf den hartnäckigen, sondern den bescheidenen und ehrfürchtigen, die außer Gott allein nichts fürchten und nur auf ihn ihre Hoffnung setzen, bei den Besuchern nicht auf die Hände, sondern auf die Bedürfnisse schauen, tapfer für die Unterdrückten einstehen und für die Wehrlosen des Landes entscheiden, wie es recht ist. (753ff.)

Zu einem umfassenden Qualitätsmanagement gehört eine nachhaltige Personalpolitik. Dabei gilt es, motivierte Mitarbeiter, die den ethischen Anforderungen der Unternehmenskultur entsprechen, in einem anhaltenden Prozess zu qualifizieren. In Stellenbeschreibungen werden daher nicht nur fachliche Qualifikationen gefordert, sondern auch ethische Kompetenzen wie Team- und Kommunikationsfähigkeit, Bereitschaft zur Verantwortung und Konfliktfähigkeit benannt.

Auch für Bernhard ist die ›sittliche Reife‹, wie er es nennt, das entscheidende Kriterium bei der Auswahl des engeren Mitarbeiterstabes. Daher rät er dem Papst, nicht zu junge Männer einzustellen, denen es noch an Lebenserfahrung fehlen könnte. Selbstredend ist ihm bewusst, dass das Alter nicht automatisch Weisheit mit sich bringen muss, und so spricht er von den »Ältesten« im Blick auf deren charakterliche Reife.

Von aufdringlichen Initiativbewerbungen, in denen sich ein Interessent mit seinen Fähigkeiten und Qualifikationen unaufgefordert präsentiert, hält der Abt von Clairvaux für den kirchlichen Bereich nur wenig. Hier sieht er die Gefahr eines zu selbstbewussten Auftretens, das bestehende Defizite klug kaschieren könnte.

Ebenso mahnt Bernhard zur Vorsicht, wenn Dritte durch ihre Empfehlung als Bittsteller sich für eine Einstellung verwenden. Wir kennen solche Momente. Wie schwer fällt es, etwa einem guten Bekannten eine solche Bitte auszuschlagen. Selbstredend

könnte darunter die Objektivität leiden, da nicht mehr ausschließlich die Qualifikation bestimmend ist, sondern subjektive Momente wie Verbundenheit und Freundschaft entscheiden.
Wenn Bernhard dem Papst schließlich empfiehlt, auf die Zögerlichen, Bescheidenen und Ablehnenden zu schauen, sieht er darin eine Möglichkeit, an Menschen heranzukommen, die sich einerseits der Schwere der Aufgabe bewusst sind. Andererseits verfügen sie über ein kritisches Urteilsvermögen, indem sie sowohl um ihre eigenen Grenzen und Defizite wissen als auch über ein gereiftes Selbstbewusstsein verfügen.
Wer ›außer Gott allein nichts fürchtet‹, wie es Bernhard treffend nennt, der hat auch keine Angst davor, dem Papst oder anderen Führungskräften kritisch zu spiegeln, wenn ihr Handeln den ethischen Erwartungen nicht entspricht. Dann dient die langfristige und nachhaltige Personalpolitik auch der Unternehmensführung.

Montag:	Wie wähle ich meinen engeren Mitarbeiterstab aus?
Dienstag:	Welche Kriterien sind bei der Personaleinstellung entscheidend?
Mittwoch:	Spielt dabei die charakterliche Reife eine Rolle?
Donnerstag:	Wo hole ich mir in Personalfragen kritischen Rat?
Freitag:	Bin ich bei meinen Personalentscheidungen souverän oder lasse ich mich drängen?
Samstag:	Wie geschieht die Weiterqualifizierung der Mitarbeiter?
SONNTAG:	Heute verabrede ich mich mit Freunden, mit denen ich beruflich nichts zu tun habe.

44. WOCHE:

Wie pflege ich meine persönlichen Beziehungen?

Wir haben nun genug von der Kurie! Hinaus aus dem Palast, man erwartet uns zu Hause! Die Menschen dort gehören nicht bloß zu deiner Umgebung, sondern gewissermaßen zu deinem Privatbereich. Deshalb ist es nicht überflüssig, dass du dich in deiner Besinnung auch damit befasst, welche Verfügungen du in deinem Haus treffen und wie du für die sorgen willst, die in deinem Herzen und auf deinem Schoß ruhen. Ich würde sogar sagen, es ist notwendig. Höre auf den hl. Paulus: »Wenn einer seinem eigenen Hauswesen nicht vorstehen kann, wie soll der für die Kirche Gottes sorgen?« (1 Tim 3,5) und: »Wer aber für die Seinen, besonders für die eigenen Hausgenossen, nicht sorgt, der verleugnet damit den Glauben und ist schlimmer als ein Ungläubiger« (1 Tim 5,8). (763)

Die Wahrung der Privatsphäre gehört zu den Persönlichkeitsrechten. Sie unterstreichen, wie wichtig ein geschützter, abgesonderter Bereich für uns Menschen ist. Dies gilt in besonderem Maße für Persönlichkeiten, die permanent im Rampenlicht der Öffentlichkeit stehen und natürlich Objekte menschlicher Neugierde sind.
Die Pflege des Privatbereichs legt Bernhard dem Papst in besonderer Weise ans Herz. Im Unterschied zum Papstpalast ist das eigene Haus ein schützenswerter Ort des Rückzugs und der Regeneration. Um diesen wichtigen Lebensbereich soll sich Eugen sorgsam kümmern, indem er ihn klug vom Arbeitsbereich abtrennt. Das ist nicht immer einfach. Hier ist der Papst nicht Herr und Verwalter, sondern Vater, Hausgenosse und Freund.
In diesem Zusammenhang wird Folgendes deutlich: Die Vernachlässigung der Privatsphäre kann dazu führen, dass wir ganz in unseren Aufgaben aufgehen und uns zunehmend davon bestimmen lassen. Die öffentliche Anerkennung und Wertschätzung wird handlungs- und lebensbestimmend. Für Bernhard ist daher die Sorge um den Privatbereich im wahrsten Sinn des Wortes ›not-wendig‹, sodass Eugen nicht verkommt.
Selbstredend ist die Pflege der persönlichen Beziehungen gerade bei stark belasteten Personen ein schwieriges Unterfangen, da die Zeit dafür knapp bemessen ist. Und doch ist sie für die regelmäßige Entlastung unverzichtbar. Familie und Freunde, bei denen wir keine Rolle spielen müssen, sondern so sein dürfen, wie wir sind, helfen uns, einerseits die Erdung nicht zu verlieren und andererseits für unsere Aufgabe neue Kräfte tanken zu können.
Liebevoll wendet Bernhard daher den Blick auf die, ›die in deinem Herzen und auf deinem Schoß ruhen‹. Ihnen darf der Papst besondere, ja schon intime, zärtliche Nähe gewähren, die zugleich wohltuend für ihn sein soll, sodass Eugen für seine vielfältigen äußeren Aufgaben gestärkt wird.

Montag:	Wie pflege ich meine persönlichen Beziehungen?
Dienstag:	Wer liegt mir besonders am Herzen?
Mittwoch:	Sind meine Familie und Freunde diskret?
Donnerstag:	Wo kann ich mich zurückziehen und regenerieren?
Freitag:	Wie kann ich Arbeit und Privates voneinander trennen?
Samstag:	Wo kann ich sein, wie ich bin?
SONNTAG:	Heute kontaktiere ich einen Menschen, der mir besonders am Herzen liegt.

45. WOCHE:
Wer entlastet mich?

Wenn ich das dir, der du mit den höchsten Aufgaben beschäftigt bist, sage, so möchte ich dich nicht damit auffordern, dich um Kleinigkeiten zu kümmern und dabei kleinlich zu werden. Du sollst nicht für das Geringfügige verschwenden, was du für das Große verwenden solltest. (...) Man muss jedoch das eine tun, ohne das andere zu lassen. Wie du aber deine Amtsgeschäfte selbst erledigst, musst du auch selbst dafür sorgen, wer für dein Haus an deiner Stelle sorgen soll. (...) Du musst jemanden ausfindig machen, der für dich die Mühle dreht. Ich sage: für dich, nicht: mit dir. Manches musst du mit eigener Hand tun, manches Hand in Hand mit anderen, manches aber auch durch die Hand anderer ohne dein Dazutun. (...) Ich möchte die Führung deines Haushaltes zum letztgenannten Punkt rechnen. Wie gesagt: Mache du sie, doch durch einen anderen.
Wenn dieser aber nicht treu ist, wird er dich betrügen; ist er aber nicht klug, so wird er betrogen werden. Du musst daher einen treuen und klugen Mann suchen, den du über dein Haus setzen kannst. Trotzdem ist dieser noch immer unbrauchbar, wenn ihm ein Drittes fehlt. Du möchtest wissen, was? Die Bevollmächtigung.
Was nützt es ihm nämlich, wenn er alles in rechter Weise anordnen will und anzuordnen weiß, doch sein Wissen

und seinen Willen nicht durchsetzen kann? Du musst ihm also die Vollmacht geben, nach Gutdünken zu handeln. (...)
Es soll also einer allen die Arbeiten zuweisen, und alle sollen ihm allein Rechenschaft ablegen. Du aber sollst ihm Vertrauen entgegenbringen und ganz für dich und die Kirche Gottes verfügbar sein. Falls du aber nur entweder einen treuen oder einen klugen Verwalter finden kannst, so nimm lieber den treuen. Das ist nämlich von beiden das Sicherere. Wenn du jedoch keinen geeigneten auftreiben kannst, rate ich dir trotzdem, dich lieber auch mit einem nicht ganz so zuverlässigen zufriedenzugeben, als dich selbst in diesen Trubel zu stürzen. (765ff.)

Delegieren von Kompetenzen und Verantwortungen ist ein Führungsinstrument, das zur Entlastung dient. Indem die Lasten auf mehrere Schultern verteilt werden, kann sich dadurch ein kooperativer Führungsstil entwickeln. Dabei muss der Delegationsempfänger für seinen Verantwortungsbereich eindeutig autorisiert sein, sodass er über die nötigen Informationen und Mittel verfügt. Zugleich hat er Handlungsverantwortung gegenüber seinem Vorgesetzten, indem er diesen berät, über seine Tätigkeiten regelmäßig informiert sowie Rechenschaft ablegt. So geschieht Führung nicht mehr rein autoritär von ›oben nach unten‹ (auch ›Top-Down‹ genannt), sondern wird ergänzt von der Gegenrichtung, von unten nach oben (auch ›Bottom-Up‹ genannt).
Auch Bernhard empfiehlt Eugen die Entlastung durch Delegation und Kooperation. Dazu braucht der Papst loyale Mitarbeiter, denen er vorbehaltlos vertrauen kann. Der Hausverwalter

soll treu und klug sowie für seine Aufgabe eindeutig bevollmächtigt sein.
Sicher nicht zufällig verwendet der Abt von Clairvaux in diesem Zusammenhang den Begriff ›auctoritas‹, der als Wertbegriff in der römischen Republik eine große Rolle spielte. Mit ihm wurde ›Würde, Ansehen, Einfluss‹ umschrieben, die immer dann gefragt waren, wenn keine juristischen Vorschriften vorhanden waren.
Abgeleitet vom Verb ›augere‹ – ›vermehren, fördern‹ ist es Führungsaufgabe, enge Mitarbeiter zu fördern. Der Verwalter braucht klare Kompetenzen und das uneingeschränkte Vertrauen Eugens, sodass er frei schalten und walten und seine Begabungen entsprechend einsetzen kann.
Eugen dagegen soll sich aus den wirtschaftlichen Verwaltungsaufgaben heraushalten, so die Empfehlung Bernhards. Durch die spürbare Entlastung soll er zumindest im eigenen Haus im wahrsten Sinn des Wortes ›un-be-schwert‹ sein.
Daher geht Bernhard so weit, im Notfall beim Anforderungsprofil des Verwalters Abstriche zu machen. Loyalität ist ihm wichtiger als Kompetenz. Selbstredend kann dadurch die Qualität leiden. Aber für den Abt von Clairvaux ist das das kleinere Übel, wenn es Eugen dazu dient, zumindest in den wenigen Stunden im eigenen Haus zur Ruhe zu kommen.

Montag:	Wer entlastet mich?
Dienstag:	Mit wem teile ich in meinen diversen Aufgaben Autorität?
Mittwoch:	Was muss ich durch die Hand anderer tun?
Donnerstag:	Sind dabei die Kompetenzen geklärt?
Freitag:	Wer ist für mich da?
Samstag:	Bin ich dankbar, wenn ich von alltäglichen Dingen entlastet bin, sodass ich bisweilen unbeschwert sein kann?
SONNTAG:	Heute helfe ich bewusst im Haushalt mit.

46. WOCHE:

Welche Prioritäten setze ich?

Sonderbar! Die Bischöfe haben mehr als genug Leute zur Hand, denen sie die Seelen anvertrauen wollen, aber für ihr bisschen Vermögen lässt sich kein Treuhänder finden. Ihre Wertordnung ist wirklich zutreffend! Große Sorge wenden sie für Kleinigkeiten auf, um ganz wichtige Angelegenheiten dagegen kümmern sie sich überhaupt nicht oder nur wenig. Es ist klar zu erkennen: Einen Verlust, der Christus trifft, nehmen wir geduldiger hin als einen, der uns selbst trifft. Wir beschäftigen uns in täglicher Überprüfung mit unseren täglichen Ausgaben, doch dass die Herde des Herrn dauernd Verluste zu beklagen hat, davon wissen wir nichts. (...)
Lass diese vergänglichen Güter, die unmöglich für immer bei dir bleiben können, an dir vorbeifließen, nicht durch dich hindurch. Der Fluss höhlt das Bett aus, durch das er strömt: So nagt der Strom der zeitlichen Sorgen am Gewissen.
Falls es möglich ist, dass sich ein Wildbach über die Äcker ergießt, ohne die Saaten zu schädigen, nur dann vertraue auch du darauf, dass du dich ohne seelische Verwundung mit diesen Dingen befassen kannst. Ich rate dir: Bemühe dich, dir den Zustrom irdischer Sorgen mit allen Mitteln vom Leib zu halten! Vieles brauchst du

gar nicht zu wissen, mehr noch nicht so wichtig zu nehmen, einiges kannst du vergessen. (769ff.)

Prioritäten zu setzen wird von jeder Führungskraft erwartet. Um bei der Erstellung einer Prioritätenliste Klarheit zu bekommen, was zuerst zu tun ist und was warten kann, ist das sogenannte ›Eisenhower-Prinzip‹ äußerst hilfreich. Zum einen ordnet es zwischen Dringlichem und weniger Dringlichem, zum anderen zwischen Wichtigem und weniger Wichtigem.

Was nun oberste Dringlichkeit und zugleich äußerste Wichtigkeit besitzt, wird an erste Stelle der Prioritätenliste gesetzt. Es muss sofort und von der Führungskraft persönlich erledigt werden. Dinge, die zwar dringlich sind, aber nicht so wichtig, können dagegen durch kompetente Mitarbeiter bearbeitet werden. Angelegenheiten, die weniger dringlich, dafür aber wichtig sind, müssen als Aufgabe exakt terminiert werden, sodass die Führungskraft sie zu späterem Zeitpunkt abarbeiten kann. Alles dagegen, was als unwichtig und nicht dringlich eingestuft wurde, kann, salopp gesprochen, im Papierkorb landen.

Intuitiv geht Bernhard nach diesem Prinzip vor, wenn er Eugen die Frage stellt, was wirklich wichtige Angelegenheiten für den Papst sind. Hier folgt er ganz der Regel Benedikts, wenn diese dem Abt empfiehlt: »Vor allem darf er über das Heil der ihm Anvertrauten nicht hinwegsehen oder es gering schätzen und sich größere Sorge machen um vergängliche, irdische und hinfällige Dinge. Stets denke er daran: Er hat die Aufgabe übernommen, Menschen zu führen, für die er einmal Rechenschaft ablegen muss. Wegen des vielleicht allzu geringen Klostervermögens soll er sich nicht beunruhigen; vielmehr bedenke er das Wort der Schrift: Sucht zuerst das Reich Gottes und seine Gerechtigkeit, und dies alles wird euch dazugegeben« (RB 2,33–36)!

Auch Eugen soll sich bewusst sein, dass es seine erste und wichtigste Aufgabe ist, sich als Papst um das Seelenheil der ihm Anvertrauten zu kümmern. Für die Verwaltung des Vermögens und die Erledigung anderer Geschäfte lassen sich leicht kompetente Hilfen finden.

Das Bild vom Sturzbach, welcher die Saaten und den guten Boden eines Ackers mit seiner ungehemmten Kraft wegspült, ist ausdrucksstark. Eugen soll an seiner Seele keinen Schaden nehmen. Das gelingt ihm am besten, wenn die Sorge für die Seele, auch die Sorge für die eigene, auf seiner Prioritätenliste an erster Stelle steht.

Montag:	Welche Prioritäten setze ich?
Dienstag:	Nach welchen Kriterien gehe ich vor?
Mittwoch:	Kann ich eigentliche Güter schätzen wie Freundschaft, Gesundheit, Engagement?
Donnerstag:	Kann ich Abstand gewinnen von materiellen Sicherheiten wie Konten, Häusern etc.?
Freitag:	Welche seelischen Ausbuchtungen und Verwundungen habe ich?
Samstag:	Was lasse ich durch meine Seele fließen?
SONNTAG:	Heute lasse ich meine Seele baumeln.

47. WOCHE:
Achte ich auf Anstand?

Es gibt allerdings Dinge, von denen ich nicht wünsche, dass sie dir unbekannt seien: nämlich die Sitten und das Streben deiner Leute. Du darfst nicht von den Lastern in deinem Haus als Letzter erfahren, was, wie ich weiß, schon bei so vielen der Fall war.

Deshalb soll meinem Rat entsprechend ein anderer die anderen Angelegenheiten zu verwalten haben; du aber kümmere dich um die sittliche Zucht. Dieses Amt übertrage keinem anderen. Wenn sich einer in deiner Gegenwart in Wort oder Verhalten ungebührlich benimmt, dann lass deine Hand über ihn kommen, räche die Beleidigung, die er dir zugefügt hat. Straflosigkeit führt zu Keckheit, Keckheit zur Ausschweifung. Dem Haus eines Bischofs gebührt Heiligkeit, gebührt Anstand, gebührt Rechtschaffenheit. Über all das wacht jedoch die Zucht. Die Hausgenossen eines Bischofs führen entweder ein besseres Leben als die anderen oder sie kommen bei allen ins Gerede.

In Miene, Kleidung und Auftreten der Menschen in deiner Umgebung darfst du nichts Unanständiges, nichts Unschickliches dulden. Von dir sollen deine Mitbischöfe lernen, keine langlockigen Pagen und aufgeputzten jungen Männer um sich zu haben. Es schickt sich wahrhaftig nicht, dass sich lockige Schöpfe unter die mitrageschmückten Köpfe mischen. (769)

Anstand schafft Vertrauen. Das ist eine Erfahrung, die schon Kinder beim Spielen machen, wenn sie sich an Regeln halten und darauf vertrauen, dass dies alle Beteiligten tun. Wenn dagegen betrogen oder hintergangen wird, wächst das Misstrauen.

Aus diesem Grund erfährt der Begriff ›Anstand‹ in den letzten Jahren in Gesellschaft und Wirtschaft eine Wiederbelebung. Verschiedene Skandale auf Führungsebene, bei denen die Formen des Anstandes nicht gewahrt wurden, haben dem Ruf großer Unternehmen nachhaltig geschadet.

Der ›ehrbare Kaufmann‹, der seiner Verantwortung in vorbildlicher Weise gerecht wird, weiß, dass das Umfeld für den Unternehmenserfolg mit ausschlaggebend ist. Anstand ist daher nicht nur eine Frage des privaten Bereichs, sondern hat in der Öffentlichkeit Auswirkung auf das Image und Prestige eines Unternehmens.

Auch Bernhard fordert für das Haus des Papstes Anstand, sodass dieser nicht in Verruf kommt. Daher legt er Eugen die sittliche Zucht ans Herz, also die ethische Heranbildung seiner engsten Mitarbeiter. Er selbst soll sich darum kümmern und so zum Vorbild für andere Bischöfe werden, sodass er ihnen durch sein Beispiel verdeutlicht: Anstand und Schicklichkeit sind Chefsache!

Damit Eugen neben seinen anderen Verpflichtungen dieser wichtigen Aufgabe nachkommen kann, benötigt er ein gutes Kommunikationsnetz. Durch dieses soll verhindert werden, dass der Papst, wie Bernhard befürchtet, als Letzter von Missständen und Lastern erfährt. Wie in einer Familie z.B. die Eltern abends über ihre Kinder und den vergangenen Tag sprechen und dabei wichtige Informationen mitgeteilt werden, so muss auch Eugen mit den Verantwortlichen seines Haushaltes regelmäßig kommunizieren.

Bei Missständen darf es keine falsche Toleranz geben. Aufgeputzte Äußerlichkeiten dürfen nicht dazu führen, dass die eigentliche Aufgabe des Papstes karikiert wird, wie es Bernhard in der Gegenüberstellung der lockigen Schöpfe und mitrageschmückten Köpfe tut. Aus diesem Grund soll der Papst bei seinen Hausgenossen auf ein anständiges Äußeres achten, also auf ein äußeres Erscheinungsbild, das dem geistlichen Stand entspricht und dadurch auf die eigentlichen Werte verweist.

Montag:	Achte ich auf Anstand?
Dienstag:	Achte ich ebenfalls auf die ethische Heranbildung der Mitarbeiter?
Mittwoch:	Kommuniziere ich regelmäßig mit den Verantwortungsträgern meines Umfeldes?
Donnerstag:	Was stößt auf – über was wird geredet?
Freitag:	Gibt es in meinem näheren Umfeld Personen, die mich durch ihr Verhalten, ihren Habitus, ihr Outfit karikieren?
Samstag:	Wie gehe ich mit Missständen um?
SONNTAG:	Heute achte ich bewusst auf meine Tischsitten.

48. WOCHE:

Wie finde ich den richtigen Stil?

Doch rate ich dir nicht zu finsterer Strenge, sondern zu Ernst. Die erstere Haltung verjagt die Schwächeren, die zweite jedoch hält die Leichtfertigeren in Schranken. Die erstere macht dich, wenn du sie übst, verhasst, die zweite, wenn du sie nicht übst, verächtlich, doch ist bei allem das rechte Maß das Beste. Ich mag weder das allzu Strenge noch das allzu Lockere. Was ist anziehender als der Mittelweg, damit du weder durch Unnahbarkeit zur Last noch durch Vertraulichkeit lächerlich wirst?
Gib dich im Palast als Papst, daheim aber als Hausvater. Deine Hausgenossen sollen dich lieben; sonst mach, dass sie dich fürchten. Seine Rede zu überwachen ist immer nützlich, dennoch soll liebenswürdige Leutseligkeit damit nicht ausgeschlossen sein.
Jederzeit muss man daher die voreilige Zunge im Zaum halten, besonders aber bei Tisch. Das passendste Verhalten für dich ist, wenn du im Handeln streng, in der Miene heiter und im Reden bedächtig bist. (771)

Es fällt uns oft schwer, unterschiedlichen Rollenanforderungen gerecht zu werden. Während zum Beispiel im Unternehmen der entschlossene Manager gefragt ist, der nicht bereit ist, von seinen Forderungen abzuweichen, ist zu Hause die Rolle des lieben-

den Partners und des großzügigen Vaters gefordert. Häufig müssen wir durch situationsgerechtes Auftreten unterschiedlichen Menschen gerecht werden.
Auf diese Anforderung geht Bernhard ein, wenn er entsprechend der Regel Benedikts dem Papst die Tugend des Maßhaltens ans Herz legt. Dort heißt es über den äbtlichen Dienst: »Er lasse sich vom Gespür für den rechten Augenblick leiten und verbinde Strenge mit gutem Zureden. Er zeige den entschlossenen Ernst des Meisters und die liebevolle Güte des Vaters« (RB 2,24–25).
Entsprechend diesem Vorbild soll auch der Papst als Hausvater weder durch Strenge lästig werden, noch sich durch zu große Nähe lächerlich machen. Liebenswürdigkeit gepaart mit gesunder Distanz soll ihn auszeichnen, die nicht in einem hemdsärmeligen, kumpelhaften Verhalten, sondern durch einen respektvollen Umgangsstil gewahrt wird.
Maßvolles Handeln hilft, in den unterschiedlichen Rollenanforderungen nicht in extreme Reaktionen abzugleiten, sondern den richtigen Stil zu finden.

Montag:	Wie finde ich in den verschiedenen Rollen den richtigen Stil?
Dienstag:	Bin ich lästig?
Mittwoch:	Mache ich mich bisweilen lächerlich?
Donnerstag:	Bin ich zu unnahbar?
Freitag:	Mit wem bin ich zu vertraut?
Samstag:	Strahle ich liebenswürdige Leutseligkeit aus?
SONNTAG:	Heute versuche ich, den Menschen meines näheren Umfelds feinfühlig und liebenswürdig zu begegnen.

Wem muss
ich mich
verantworten?

49. WOCHE:

Wem habe ich mich zu verantworten?

Die Besinnung ist ein Verwalten, wenn sie die Sinne und die mit den Sinnen fassbaren Dinge in geordneter und gemeinnütziger Weise gebraucht, um Gott zu gewinnen.
Die Besinnung ist ein Beurteilen, wenn sie alles klug und sorgfältig erforscht und abwägt, um Gott zu entdecken.
Die Besinnung ist ein Schauen, wenn sie sich innerlich sammelt und sich – soweit Gott die Gnade schenkt – von den Gegebenheiten des Menschseins frei macht, um Gott anzuschauen. (...)
Oh, Eugen, wie gut ist es, dass wir hier sind! Doch wie viel besser wird es erst sein, wenn wir einmal ganz dorthin gelangen, wohin ein Teil von uns schon vorgestoßen ist. (...)
Er kann niemanden hintergehen und nicht hintergangen werden, da er so sehr liebt und so klar sieht. (...)
An den Mächten kann man die eine Macht erkennen, die überall in gleicher Weise am Werk ist und durch die alles Bestand hat. Sie ist lebensspendend, wirkmächtig, unsichtbar und unbeweglich, und doch lenkt sie alles sinnvoll und erhält es kraftvoll. (775ff.)

›Führen über Ziele‹ ist als Führungstechnik in den vergangenen Jahren gang und gäbe geworden. Um eine echte Zielvereinbarung treffen zu können, ist es wichtig, dass neben den Unternehmenszielen auch der Mitarbeiter seine Zielvorstellungen einbringen kann. Ansonsten werden Zielvereinbarungsprozesse als Druckmittel missbraucht. Selbst gesetzte Ziele dagegen motivieren, seine Kraft zur Erreichung einzusetzen. Selbst manche Widerstände überwinden wir leichter, wenn wir unser Ziel vor Augen haben. Wenn dagegen ein Mensch keine Ziele mehr hat, verringert sich auch seine Lebensmotivation.
Wenn nun Bernhard in seiner Besinnung auf den letzten Bereich ›über uns‹ zu sprechen kommt, nimmt er das letzte Ziel eines gläubigen Christen in den Blick: die Begegnung mit Gott in der Ewigkeit. Einerseits bedeutet sie vollendetes Lebensglück, wie es die biblischen Bilder von der Hochzeit, dem Festmahl und dem Paradiesesgarten zum Ausdruck bringen. Andererseits wird uns bewusst, dass diese Begegnung ebenso heißt, für unser Tun und Lassen Rechenschaft abzulegen, sodass es der Vollender zum Guten richten kann. Die Verantwortung vor Gott lässt deutlich werden, für wen wir in diesem Leben Verantwortung tragen.
Der Glaube, dass wir uns letztlich allein vor Gott verantworten müssen, kann eine entlastende Funktion haben. Das Vertrauen, dass Gott zu einem steht, hat viele motiviert, gegen den Mainstream zu schwimmen. Manche ließen dafür sogar ihr Leben.
Bernhard weiß, was es bedeutet, sein Leben für eine gute Sache einzusetzen. Bei der Umsetzung seines Reformprogramms gab es viele Auseinandersetzungen, Widerstände und Kämpfe, die dem Abt von Clairvaux viel Herzblut gekostet haben.
Das Freimachen vom Alltäglichen und der Blick auf das Ewige helfen, ganz neue Perspektiven zu bekommen, gerade auch in den Anforderungen der Gegenwart. Übergeordnete Lebensziele

relativieren so manch andere untergeordnete Ziele, entkräften diese und führen so zu einer neuen Verhältnisbestimmung.

Montag:	Wem habe ich mich im Letzten zu verantworten?
Dienstag:	Welche Ziele verfolge ich?
Mittwoch:	Was wird von mir erwartet?
Donnerstag:	Was sind meine Lebensziele?
Freitag:	Was motiviert mich bei Widerständen und Auseinandersetzungen?
Samstag:	Kann ich auf eine andere – auf Gottes Macht vertrauen, die mich entlastet?
SONNTAG:	Heute spreche ich mit meiner Partnerin/meinem Partner, meiner Freundin/meinem Freund über meine Lebensziele.

50. WOCHE:

Wo entdecke ich in meinem Leben Spuren Gottes?

Gott hört nicht auf, uns durch Besuche dieser so großen Geister zu erfreuen, durch Offenbarungen zu unterweisen, durch Anregungen zu ermahnen und durch ihre Hilfsbereitschaft aufzurichten. (...)
Doch Gott liebt als die Liebe, weiß als die Wahrheit, thront als die Gerechtigkeit, herrscht als die Majestät, lenkt alles als der letzte Ursprung, schützt es als das Heil, wirkt als die Kraft, offenbart als das Licht und hilft als die Güte. All das tun auch die Engel, tun auch wir, doch auf eine weit untergeordnete Weise: Wir tun es nicht mit dem Vermögen, das wir sind, sondern an dem wir nur teilhaben. (791ff.)

»Dich schickt der Himmel!« – »Sie sind ein Engel!« – »Gott sei Dank!« Solche Feststellungen zeigen, wie stark unsere Sprache von religiösen Begriffen geprägt ist. Selbstredend ist das kein Beweis für die Existenz Gottes oder übernatürliche Kräfte.
Aber sie zeigen an, dass wir Situationen kennen, in denen wir mit unserem Planen und Können an unsere Grenzen stoßen. Und doch wird uns manchmal ganz unverhofft zu einer guten Lösung verholfen. Dankbar erleben wir dann, dass das Zusammenleben mit anderen Menschen bereichernd und belebend

ist. Es gibt ›Zu-fälle‹ im wahrsten Sinn des Wortes, die wir letztlich nicht erklären können.

Nach Bernhard ist es Aufgabe der Engel, die Menschen zu erfreuen und zu unterweisen, sie zu ermahnen und aufzurichten. All das können wir durch Menschen erleben, sodass sie für uns zu Engeln werden. Ein gutes Wort zum richtigen Zeitpunkt, ein mahnender Hinweis auf eine drohende Gefahr, eine unverhoffte Begegnung mit einem alten Freund und vieles andere mehr können Lichtblicke sein, die das Glück schlaglichtartig aufleuchten lassen. Es ist daher von Zeit zu Zeit eine gute Übung, sein Beziehungsgeflecht unter diesem Gesichtspunkt zu betrachten, um das Wirken von Engeln im übertragenen Sinn zu entdecken.

Daran erinnert Bernhard seinen Mitbruder im letzten Buch seiner Ausführungen. Auch er kann zum Engel für andere werden. Hilfsbereitschaft, Unterstützung, Anerkennung, konstruktive Kritik, Lob und Dank sind uns anvertraut. Im richtigen Moment, meist ohne unsere Planung, eingesetzt, können sie zu beglückenden Momenten führen, sodass beide Seiten beschenkt werden. Gerade im Alltagsgeschäft helfen sie uns, die eigentlichen Lebensziele nicht aus dem Blick zu verlieren. Für all das dürfen wir dankbar sein.

Montag:	Wo entdecke ich in meinem Leben Spuren Gottes?
Dienstag:	Wie erkläre ich glückliche Zu-fälle?
Mittwoch:	Bin ich dankbar für Menschen, die mir Liebe, Wahrheit, Gerechtigkeit, Heil, Kraft, Güte schenken?
Donnerstag:	Wer erfreut, unterweist, ermahnt, richtet mich auf?
Freitag:	Wer ist mir ein Engel?
Samstag:	Wem bin ich ein Engel?
SONNTAG:	Heute überrasche ich einen Freund.

51. WOCHE:

Erkenne ich an meinen Grenzen den Grenzenlosen?

Wenn du von Gott aussagen möchtest, dass er gut, groß, selig, weise oder etwas Ähnliches ist, so ist das in diesem Wort enthalten, dass er ist: Er ist. (...) Was ist Gott noch: Der, ohne den nichts ist.
Dieser Anfang, mit dem alles angefangen hat, muss selbst ohne Anfang sein, denn hätte er einmal zu sein angefangen, müsste er seinen Ursprung von anderswo herleiten. (...)
Ich sage dir, Vater Eugen, Gott – und ihn allein – kann man nie vergeblich suchen, auch wenn man ihn nicht finden kann. (...) Was also ist Gott? Für alles Geschaffene das Ziel, für die Erwählten das Heil, für sich selbst – das weiß er allein. (...)
So ist es, Eugen. Es ist unmöglich, dass sich jemand Gott widersetzt, doch mit sich selbst in Frieden bleibt. Wer von Gott angeklagt wird, wird auch von sich selbst angeklagt. (...)
Was also ist Gott? Die Länge, antworte ich. Was ist damit gemeint? Die Ewigkeit. Diese ist so lang, dass sie kein Ende hat, weder räumlich noch zeitlich. Er ist auch die Breite. Und was soll das heißen? Die Liebe. Für sie gilt dasselbe: Durch welche Grenzen sollte sie in Gott eingeengt werden, da er nichts von dem verabscheut, was er gemacht hat? (795ff.)

Lebensversicherungen sind wortwörtlich genommen trügerisch. Das Leben lässt sich nicht endgültig sichern, denn es ist begrenzt durch den Tod. Dieser allein ist uns sicher!
Diese Endlichkeit des eigenen Lebens anzunehmen fällt uns schwer. Wer möchte nicht das Glück festhalten? Und doch werden wir immer wieder mit dem Loslassen konfrontiert. Loslassen von Beziehungen, loslassen von Gesundheit, loslassen von Ideen und Plänen, loslassen von Besitz und Eigentum usw. Das Loslassen prägt unser Dasein.
Es ist verständlich, dass wir versuchen, unser Leben zu verlängern, und nach Sicherheiten streben. Und doch bleibt unaufhebbar die Grenze!
Die Kunst des Loslassens, die Kunst des Sterbens, die ›ars moriendi‹ gehört somit wesentlich zur Lebenskunst, zur ›ars vivendi‹ dazu. Im Blick auf die Grenze wird die Gegenwart kostbar und wertvoll, sodass wir unsere Lebenszeit nicht totschlagen, sondern diese sinnvoll füllen und nutzen. Zugleich bietet das Annehmen der Lebensgrenze uns die Chance, sich nach dem Grenzenlosen auszustrecken, den wir in der eigenen, endlichen Existenz nicht finden können.
Wenn Bernhard gegen Ende seiner Betrachtungen an seine eigene Grenze stößt, begegnet er dort seinem Gott, der für ihn grenzenlose Liebe ist. Das ist die Hoffnung, die ihn trägt.
In der Kunst wird diese Tugend mit einem Anker dargestellt. Ein Schiff kann nicht in sich selbst ankern, um in den Fluten Halt zu finden, sondern braucht dazu den Hafen oder den Meeresgrund, also eine Wirklichkeit außerhalb seiner selbst.
So wirft auch Bernhard den Anker aus, wenn er in seiner Begrenztheit von Gott zu sprechen kommt. Wie zahlreiche Suchende vor und nach ihm, so erfährt auch er, dass unsere Begriffe diese Wirklichkeit nicht fassen können. Der Unendliche kann nicht definiert und eingegrenzt werden. Aber Bernhard

setzt seine Hoffnung darauf, dass es jenseits unserer Begrenztheit den Grenzenlosen gibt, der dem Menschen in der Endlichkeit seines Daseins wie ein Anker Halt und Sicherheit gibt. Das ist die Lebensversicherung, die Bernhard dem Papst am Ende seiner Gedanken empfiehlt.

Montag:	Erkenne ich an meinen Grenzen den Grenzenlosen?
Dienstag:	Kann ich akzeptieren, dass ich begrenzt und endlich bin?
Mittwoch:	Bin ich mit mir selbst im Frieden?
Donnerstag:	Habe ich Hoffnung auf ein ewiges Leben?
Freitag:	Wo ankere ich letztlich?
Samstag:	Wer ist Gott für mich?
SONNTAG:	Heute setze ich mich in eine Kirche, schließe die Augen und lasse meinen Gedanken freien Lauf.

52. WOCHE:

Bin ich ein Suchender geblieben?

Die Länge erfassen wir beim Nachsinnen über die verheißenen Güter, die Breite bei der Erinnerung an die Wohltaten, die Höhe im Beschauen der Majestät und die Tiefe bei der Erwägung der göttlichen Gerichte. Es war bisher unsere Aufgabe, den zu suchen, den wir noch nicht genug gefunden haben und der nicht genug gesucht werden kann. Vermutlich aber sucht man ihn besser und findet ihn leichter, wenn man betet, als wenn man Abhandlungen schreibt. So sei hier das Ende des Buches, nicht aber das Ende des Suchens. (827)

Wenn Kinder Verstecken spielen, gehört das ›Gesucht-Werden‹ wesentlich dazu. Wie enttäuschend ist es, wenn ein Kind sich gut versteckt, das andere die Suche aber vorzeitig abbricht. Wie schön dagegen ist es, wenn man nach langer Suche endlich als Letzter gefunden wird und sein Versteck als Sieger strahlend verlassen kann.
Die Bibel beschreibt Gott als Suchenden, dem wir Menschen nicht gleichgültig sind. Unaufhörlich geht er uns nach und ruft: Wo bist du? (vgl. Gen 3,9). Benedikt greift diesen Gedanken im Prolog seiner Regel auf, wo er Gott mit einem Gutsherrn vergleicht, der mit folgenden Worten Arbeiter für sich sucht: »Wer

ist der Mensch, der das Leben liebt und gute Tage zu sehen wünscht?« (RB Prol 15).

Anscheinend hat auch Gott Freude am Verstecken, sodass der Mensch ihn suchen und finden kann. Diese Sehnsucht Gottes gipfelt darin, dass er selbst Mensch wird und sich im Menschen entdecken lässt, so der Glaube der Christen.

Diesen Gedanken nimmt Benedikt auf, wenn er den Mönch als Gottsucher beschreibt (vgl. RB 58,7). Es ist also nicht entscheidend, ob wir Gott schon gefunden haben. Viel wichtiger ist, dass in unseren Herzen die Sehnsucht nach ihm lebendig bleibt.

Diesen Ansatz vertieft Bernhard am Ende seines Werkes: Nicht im Reden über Gott, wie es etwa in theologischen Abhandlungen geschieht, sondern im Gespräch mit ihm, in der Anrede als ›Du‹, im Gebet lässt er sich von uns finden. So sollen auch am Ende unserer Erwägungen die nachdenklichen Schlussworte Bernhards stehen: »Vermutlich aber sucht man ihn besser und findet ihn leichter, wenn man betet, als wenn man Abhandlungen schreibt. So sei hier das Ende des Buches, nicht aber das Ende des Suchens.«

Montag:	Bin ich ein Suchender geblieben?
Dienstag:	Vor wem verstecke ich mich?
Mittwoch:	Von wem lasse ich mich finden?
Donnerstag:	Wo suche ich Gott?
Freitag:	Kann ich über Gott reden?
Samstag:	Kann ich mit Gott reden?
SONNTAG:	Heute spreche ich laut und langsam folgendes Gebet von Bernhard von Clairvaux:

Voll Güte bist Du, Herr, für die Seele, die Dich sucht. Doch was erst bist Du für die, welche Dich findet? Doch darin besteht das Wunderbare, dass niemand Dich suchen kann, der Dich nicht schon gefunden hat. Du willst also gefunden werden, damit man Dich sucht, und gesucht werden, damit man Dich findet. Du kannst also gesucht und gefunden werden, aber niemand kann Dir zuvorkommen. Amen.

Bernhard von Clairvaux (111)

QUELLEN

Gerhard B. Winkler (Hrsg.), Bernhard von Clairvaux. Sämtliche Werke, Band 1, Innsbruck 1990.

Bernhard von Clairvaux. Was ein Papst erwägen muss, Einsiedeln 1985.

LITERATUR

Jean Leclercq, Bernhard von Clairvaux. Mystiker und Mann der Tat, Oberpframmern 2009.

Peter Dinzelbacher, Bernhard von Clairvaux. Leben und Werk des berühmten Zisterziensers, Darmstadt ^{2}2012.

Martin Schleske : Geigenbauer
Der Klang
: Vom unerhörten Sinn des Lebens.
KÖSEL